CAPTER LE SOLEIL

Découvrez comment des communautés se sont mobilisées pour produire leur propre énergie solaire et comment vous aussi, vous pouvez le faire !

Lonny Grafman | Joshua Pearce

The Press at Cal Poly Humboldt

HSU Library
1 Harpst Street
Arcata, California 95521-8299

hsupress@humboldt.edu
www.tocatchthesun.com

Couverture conçue par Mira Eagle
Design et mise en page intérieurs par Marian Voicu de Layouts.ro
Traduction française par Marguerite Storm, www.translationfrench.com
Révision et conseils fournis par de nombreux membres d'Appropedia

ISBN : 978-1-947112-75-9
10 9 8 7 6 5 4 3 2 Premier tirage

Dédié aux
gens comme vous
qui s'efforcent de rendre le monde
un peu meilleur chaque jour.

Table of Contents

Préambule

Capter le Soleil est une précieuse collection d'histoires et d'informations qui ne sont pas seulement utilisables dans la pratique, mais qui sont également riches d'un point de vue intellectuel. Lonny présente un cadre de connaissances techniques en utilisant son expertise pratique à laquelle il ajoute souvent des leçons d'humilité apprises sur le terrain. Cette sincérité a pour effet de mettre le lecteur en confiance pour apprendre des notions essentielles qui sont trop souvent apprises uniquement par le biais de relations personnelles et par expérience. Les 'Histoires solaires' décrivent clairement l'aspect intimement humain de ce travail et l'importance capitale de prendre le temps d'écouter en profondeur, d'observer et, si l'on est extérieur à la communauté qui construit l'application solaire, de participer au travail de telle façon que son implication n'est plus nécessaire après l'installation.

Les connaissances techniques, en particulier celles du laboratoire de Joshua, qui suivent les histoires, sont présentées de manière à donner au lecteur une compréhension approfondie en un nombre de pages étonnamment petit, avec encore une fois des idées et des expériences partagées tout au long de l'exposé. Je n'ai jamais lu un livre conçu pour présenter des informations techniques concernant une application pratique, qui décrit aussi joliment la science photovoltaïque ! Chaque section aborde les composants, le design, les aspects financiers et de sécurité, tout en ajoutant des conseils de dépannage cohérents et des exemples pratiques. *Capter le Soleil* est un cadeau unique pour tous ceux qui rêvent d'autonomie par l'énergie solaire pour leur famille et leur communauté !

Dr PennElys Droz travaille depuis plus de 20 ans dans le domaine du redéveloppement de nations autochtones prospères, écologiquement, culturellement et économiquement durables et résilientes, principalement par le biais de l'organisation autochtone Sustainable Nations et, plus récemment, au sein de NDN Collective.

Ce livre offre quelque chose à tout le monde, du « curieux de l'énergie solaire » au concepteur solaire expérimenté. Il n'est pas nécessaire d'avoir un diplôme d'ingénieur pour comprendre le livre : il est accessible à tous ceux qui ont la volonté d'apprendre. Ce livre mêle avec brio des sujets techniques, économiques, théoriques, pratiques et éthiques liés à l'énergie solaire, le tout dans un style facile à lire, attrayant et même divertissant. Il décrit tous les principaux composants des systèmes photovoltaïques, qu'ils soient ou non raccordés au réseau : panneaux solaires, contrôleurs de charge, batteries et onduleurs. Il donne au lecteur les informations qu'il doit connaître pour concevoir des systèmes solaires pour sa maison, sa cabane, son camping-car ou autre. Cette section décrit les erreurs courantes à éviter et les différentes approches de conception, et démystifie bon nombre de concepts qui peuvent prêter à confusion quand on parle d'énergie solaire. Le section 2 est à lire absolument par tous ceux qui envisagent d'installer des applications d'énergie solaire dans des communautés à risque, avec peu d'accès à l'énergie, localement ou à l'étranger.

Le Dr Henry Louie est professeur au département de génie électrique et informatique de l'Université de Seattle. Il est l'auteur du manuel intitulé *Off-Grid Systems in Developing Countries.* Le Dr Louie a été boursier Fulbright à l'Université Copperbelt de Kitwe, en Zambie, et est cofondateur de l'organisation à but non lucratif Kilowatts for Humanity, qui met en œuvre des systèmes solaires hors réseau en Afrique subsaharienne.

1. Introduction

Nous, Dr Joshua Pearce de Western University au Canada et Lonny Grafman de Cal Poly Humboldt aux Etats-Unis, avons rédigé ensemble le document intitulé *Capter le Soleil* afin de mettre en commun nos expériences diverses (Joshua étant plus académique et Lonny plus pratique) et notre longue expérience de travail dans le domaine de l'énergie solaire pour obtenir un impact à plus long terme.

1.1. Un mot de Joshua

Nous voulons tous que l'électricité travaille pour nous de diverses manières pour nous faciliter la vie, qu'il s'agisse d'alimenter notre ordinateur portable, d'allumer la lumière, de faire fonctionner le réfrigérateur ou de rendre notre eau potable.

Le monde est une poubelle géante, mais une grande partie de nos problèmes, depuis les guerres de ressources jusqu'à la perturbation du climat, pourrait être résolue si nous disposions d'une source d'énergie peu coûteuse, abondante et écologique. La grande nouvelle, c'est que nous l'avons. Les appareils photovoltaïques convertissent la lumière du soleil en électricité, presque par magie. Leur coût a tellement baissé récemment que si vous construisez vous-même le système, vous aurez probablement l'électricité la moins chère, où que vous viviez. L'énergie solaire est abondante, gratuite, non polluante, et disponible partout où vivent les humains. Que demander de plus ? Ce n'est pas pour rien que les foules se précipitent à la plage.

Figure 1.1
L'amour du soleil.[1]

1.2. Un mot de Lonny

En 2018, j'ai publié *To Catch the Rain*, un livre sur des groupes mobilisés pour récupérer l'eau de pluie. Le livre était financé par crowdfunding et a été bien accueilli. Depuis sa publication, il y a trois ans, des centaines de personnes ont raconté leurs expériences de collecte d'eau de pluie. Les membres de communautés dans plus d'une douzaine de pays ont mis en œuvre des projets de collecte d'eau de pluie basés sur le livre, comme une école dans le nord de la Californie et un orphelinat à Haïti, qui fournissent l'eau de pluie pour arroser les jardins potagers pour l'alimentation et l'éducation de leurs élèves et résidents.

1 *https://www.appropedia.org/File:Sunset_hand_heart_shell.png*

J'ai écrit *To Catch the Rain* parce que j'aime ce que je fais. J'ai la chance de voyager dans le monde vers des communautés qui s'unissent pour répondre à leurs propres besoins. Même si voyager est fantastique, je réalise souvent que nous pourrions avoir plus d'impact en travaillant dans nos propres milieux (où nous connaissons la langue, le temps, les coutumes, les meilleurs endroits pour s'approvisionner, les sources de financement et les meilleurs endroits où manger). C'est la raison pour laquelle je lance tous mes projets dans les endroits où je vis suffisamment longtemps. Dans les deux cas, je sens bien combien mon impact est limité lorsque je travaille de mes propres mains. Tout comme mon premier livre, *To Catch the Sun* est une manière pour moi de vivre par procuration l'impact que vous aurez en construisant votre projet. Je vous en remercie.

Figure 1.2

Les membres des communautés de Las Malvinas, en République Dominicaine, collaborant avec des habitants et étudiants de La Yuca, en République Dominicaine et de Humboldt en Californie pour construire un système solaire autonome. Je suis le photographe. Admirez les magnifiques angles de vues et les composants solaires !

Pour *To Catch the Sun*, le Dr Joshua Pearce et moi-même nous sommes associés pour mettre l'énergie solaire à petite échelle à la portée d'un plus grand nombre de personnes. Nous espérons que vous utiliserez ce livre pour maîtriser encore mieux les besoins de votre communauté.

1.3. À qui s'adresse ce livre et comment le lire

Le soleil arrive sur nous avec une puissance incroyable. Pourtant, nous manquons souvent d'énergie suffisante pour nos besoins. Ce livre s'adresse à tous ceux qui cherchent l'inspiration et les capacités pour installer un système d'énergie solaire répondant à leurs besoins. Le sujet central du livre est le solaire à petite échelle, mais les concepts présentés ici peuvent s'appliquer aux microréseaux à grande échelle et même aux fermes solaires plus importantes. Notre sujet principal sera néanmoins le système autonome de 1kW ou moins. Voici quelques exemples spécifiques :

- Une petite maison dans un pays financièrement aisé
- Quelques maisons dans un pays financièrement pauvre
- Des salles de classe et espaces communautaires
- Des appareils électriques isolés : barrières électriques, pompes et équipements de télécommunications
- Une tiny house ou un camping-car
- Des équipements de glamping ou de randonnée
- Des appareils de sécurité comme un générateur d'oxygène durant une panne d'électricité
- Des équipements de zombie d'apocalypse

- Des chargeurs d'ordinateur ou de téléphone portables
- Des appareils d'entreprises d'énergie solaire

Capter le Soleil met l'accent sur l'adaptabilité et l'itération pour répondre à vos besoins. C'est l'un des rares livres sur le photovoltaïque qui couvrent les systèmes de très petite taille avec ou sans batteries, dans un contexte global, pour les concepteurs amateurs du monde entier.

Ce livre peut également être utilisé dans les programmes éducatifs, car les élèves y trouveront un contexte d'apprentissage des concepts d'électricité, de puissance et d'énergie ainsi que du photovoltaïque, des feuilles de calculs et des bases mathématiques.

Pour la construction de systèmes plus importants, il existe énormément de ressources et de professionnels. Ce livre aborde essentiellement des systèmes de petite taille, décentralisés et résilients que vous pouvez construire vous-même. Il est conçu pour être un point de départ d'approfondissement des connaissances. Vous pourriez trouver une vidéo en ligne qui décrit exactement ce que vous voulez construire. Ce livre peut vous aider à déterminer ce que vous pourriez construire, ce qu'il faut éviter, et vous confirmer que la vidéo est correcte. Une compréhension plus approfondie et plus large vous aidera à tirer parti des recherches, ressources, blogs, vidéos YouTube, etc. les plus récents, afin de cibler vos besoins spécifiques et ceux de votre communauté.

Le livre est divisé en sections principales : la section 2, Histoires solaires, présente des exemples et les leçons tirées de projets photovoltaïques sur lesquels a travaillé Lonny ; les sections 3, Concepts solaires et 4, Electricité contiennent les principes de base sur l'énergie solaire et l'électricité, qu'il faut connaître pour comprendre un système photovoltaïque ; la section 5, Composants décrit les composants nécessaires à la conception et à la construction de votre système ; enfin, les sections 6 et 7 vous guident à travers le processus itératif de dimensionnement de votre système.

2. Histoires solaires

Lonny a travaillé sur ses premiers systèmes solaires utiles lorsqu'il était un jeune sans domicile fixe, vivant dans des squats et parfois dans des communautés plus motivées. Pour lui, les ressources décentralisées et l'autosuffisance étaient les symboles de la rébellion. Il n'a jamais imaginé qu'il serait un jour engagé pour installer des systèmes solaires et essayait simplement de se faire arrêter pour l'avoir fait. Avec de la chance et de la persévérance, il a en quelque sorte tissé un chemin tortueux vers un travail de conception de systèmes d'énergies renouvelables et de ressources décentralisées avec des membres de communautés du monde entier. Dans les exemples qui suivent, il vous raconte quelques-unes de ses expériences.

2.1. Schatz Energy Research Center, US

Au début du siècle (l'an 2000), j'ai décroché mon premier stage dans le domaine de l'énergie solaire au Schatz Energy Research Center (SERC) via un programme appelé University-National Park Energy Partnership Program (UNPEPP).[2] J'étais ravi d'être payé pour concevoir des systèmes photovoltaïques pour l'État et les parcs nationaux. Je me suis jeté corps et âme dans ce projet. Le labo était occupé par des concepteurs brillants et excentriques avec qui j'ai gardé des liens étroits depuis lors. Notre projet consistait à créer un système photovoltaïque pour remplacer deux générateurs diesel de

2 Quand c'est un universitaire qui donne un nom à quelque chose, on s'attend toujours à ce que ce soit légèrement plat C'est le Dr David Narum qui a lancé le programme au SERC. Voici l'article de journal revu par ses pairs sur le projet et le programme : Chamberlin, C. E., Lehman, P. A., Sorensen, A. H., Engel, R. A., & Sorter, A. C. (2004). UNPEPP : Bringing Renewable Energy to Redwood National Park (L'énergie renouvelable arrive au Redwood National Park).

16 kW pour un poste de garde forestier situé sur un lagon vierge. Nous avons également travaillé à la conception de toilettes publiques alimentées par l'énergie solaire.

Figure 2.1
Emplacement du poste de garde forestier sur le lagon vierge d'Espa à Prairie Creek, Californie. L'image, fournie par Google Maps, montre le nouvel emplacement de l'installation photovoltaïque.

Pour le poste de garde forestier, nous devions d'abord connaître les besoins en énergie. Certains aspects étaient essentiels à la mission, comme par exemple, les équipements de communication qui ne pouvaient jamais s'arrêter ; d'autres utilisations étaient un peu plus flexibles, comme une télévision et un grille-pain. Nous avons mis des cartes sur chaque appareil, demandant aux gardes de noter combien de minutes ils utilisaient chaque appareil, chaque fois qu'ils l'allumaient. Nous avons également placé des compteurs énergétiques sur le secteur depuis les générateurs jusqu'à l'entrée du poste de garde

À la fin de la période d'évaluation, nous avons rédigé l'audit énergétique et réalisé que les gardes avaient enregistré une consommation beaucoup plus importante (près de deux fois plus !) que celle enregistrée par nos compteurs énergétiques. En interviewant les gardes, nous avons réalisé qu'ils avaient tous surestimé leur consommation pour ne pas se tromper. Voilà une importante leçon de comportement humain. Si nous n'avions pas enregistré nous-mêmes la consommation à l'aide de compteurs lourds et coûteux, nous aurions conçu un système beaucoup plus cher pour tenter de répondre aux besoins exagérés des gardes forestiers.

Nous avons terminé le poste de garde bien à temps pour nous occuper de la toilette. Pour sa conception, j'ai essayé d'être très créatif. Je voulais que le lieu soit pratique, bien sûr, mais qu'il offre également une expérience stimulante et instructive. À cette époque, peu de gens avaient l'expérience de l'énergie solaire et j'avais envie de diffuser ces idées. J'ai placé les panneaux solaires en hauteur, mais au centre et à l'avant, pour que l'on sache bien qu'on entrait dans des toilettes solaires. À l'intérieur, les fils étaient dans des conduits exposés, clairement étiquetés, avec des flèches montrant la direction du courant. Le contrôleur de charge était exposé avec son écran. L'éclairage LED était, à l'époque, ultramoderne et largement suffisant pour fournir tout le courant continu nécessaire pour éviter la perte de rendement et les coûts d'inversions. Les détecteurs de mouvement et la lumière naturelle permettaient de limiter les coûts énergétiques. C'était magnifique.

À la fin de l'étape de design, nous avons présenté le projet à plusieurs dirigeants de parcs nationaux et de l'État. Durant la représentation, un homme de grande taille avec une énorme moustache s'est assis sur sa chaise, jambes et bras croisés. Je connais cette allure. À la fin, nous avons demandé s'il y avait des questions. L'homme moustachu a dit : « Ça ne marchera pas. » Premièrement, ce n'est pas une question. Normalement, j'aurais commencé à le cuisiner. J'étais 'urban', mais j'apprenais à m'adapter au monde universitaire. J'avais lutté contre ce type de personne pendant des années ; j'avais essayé de convaincre de force les réfractaires et les détracteurs de l'énergie solaire, des changements climatiques, ou des ressources décentralisées. Ils me considéraient comme un hippie, un rêveur décalé de la réalité. Je leur répondais encore plus vertement. Mais là, à la fin de mon premier stage de rêve, essayant de m'intégrer et aussi de comprendre sérieusement comment faire changer les gens d'avis, je devais réagir autrement.

Je lui ai demandé calmement, « Pouvez-vous m'expliquer votre pensée ? » D'accord, en y repensant je suis certain qu'il avait détecté ma frustration, mais au moins j'essayais. Il a expliqué. Il a expliqué que le système exposé était une cible, et que dès la première semaine, il serait brisé par des pierres ou même des coups de feu. C'est là que j'ai réalisé qu'il avait raison, et que j'avais tort. J'avais laissé mon optimisme et mon excitation troubler ma vision de la réalité environnementale. De plus, je n'avais pas vraiment appris à connaître les utilisateurs potentiels. Je n'avais observé, interviewé ou essayé de comprendre aucun des utilisateurs locaux. J'avais totalement intériorisé le concept de l'énergie renouvelable et je pensais que tout le monde avait fait de même. C'est une leçon que malheureusement j'ai dû apprendre plusieurs fois.

Nous sommes retournés à nos plans et avons rapidement recréé les toilettes solaires de manière à cacher leur beau secret. À la fin de ce stage, les parcs nationaux ont publié une brochure sur nos travaux et je suis retourné travailler en dehors des énergies renouvelables... pour quelque temps.

2.2. Chiapas, Mexique

Ma première année d'enseignement universitaire date de 2003 : j'avais décroché le projet solaire parfait ! C'était exactement le projet que je recherchais depuis des années. Notre mission était de concevoir et construire une unité médicale mobile.

Les utilisateurs étaient des infirmiers et infirmières ruraux du Chiapas (un des États mexicains dont les indicateurs socioéconomiques sont parmi les plus faibles du pays). Les soignants se rendaient dans les villages de campagne où la population n'avait pas accès à des centres de soins. Ils voyageaient en camion pendant des heures, puis devaient encore marcher quelque temps. Une fois au village, ils effectuaient des entretiens et des examens. Certains examens étaient effectués et diagnostiqués sur place, mais d'autres nécessitaient l'enregistrement des données et l'envoi de celles-ci en ville où les médecins poursuivaient le diagnostic et prescrivaient les soins pour que les soignants puissent retourner dans les villages. C'était le début de la télémédecine, mais sans infrastructure de télécommunications, il s'agissait plutôt de médecine de messager. On oublie facilement l'époque où il n'y avait pas de smartphones partout, où la connectivité rurale était encore très faible et les communications internationales étaient coûteuses. C'était exactement notre situation.

Une organisation sans but lucratif s'était associée à l'université pour créer et fournir une solution. La solution devait alimenter un ordinateur portable, être utilisable par les soignants mobiles dans des conditions extrêmes et assurer une alimentation continue par des sources d'électricité souvent sporadiques et parfois inexistantes. Elle devait être transportable sur de longues distances et durable dans les montagnes et jungles du sud du Mexique. Elle devait également être capable de stocker toutes les informations qui devaient être évaluées par les médecins.

Notre solution consistait en un ordinateur portable dans une valise Pélican adaptée. La valise résistait à une chute de 4,5 mètres ; elle était étanche et indestructible. Elle contenait tous les composants du système. L'ordinateur avait une autonomie de plus de 12 heures sans accès à une source de courant électrique, ce qui était rare à l'époque, et utilisait une batterie à électrolyte gélifié. De plus, l'ordinateur pouvait être alimenté par les panneaux solaires pliables logés à l'intérieur, ou par une prise murale de 120V, une prise murale de 240V ou encore par une prise d'allume-cigare de voiture (la prise ronde dans laquelle se trouvaient autrefois les allume-cigares et qui est maintenant utilisée couramment pour les ports USB). Le système pouvait également alimenter les équipements de télécommunication et recharger une batterie de voiture en cas de panne de batterie du véhicule. Tout cela fut construit à l'aide d'un banc de fiches et de commutateurs qui protégeaient le système. Les commutateurs étaient combinés de manière à réduire la taille et le coût de l'installation. Par exemple, la combinaison 1 haut, 2 bas et 3 bas chargeait le panneau solaire, la combinaison 1 haut, 2 hauts et 3 bas chargeait la prise murale 120V, etc. Des diodes évitaient l'explosion en cas de branchement incorrect. Nous avions évidemment installé des fusibles comme protection supplémentaire. Pour faciliter l'utilisation, les instructions étaient fournies en anglais et en espagnol.

Le poids total du système avec la valise était de moins de 16kg, conforme aux recommandations NIOSH de l'époque.[3] La valise comportait une sangle transversale pour un transport ergonomique. Nous étions très satisfaits de notre conception. Les

3 The National Institute for Occupational Safety and Health (NIOSH) https ://www.cdc.gov/niosh/topics/safepatient/default.html

bailleurs l'étaient encore plus. L'idée était de recréer le système pour l'utiliser dans plus d'unités médicales mobiles. Et... nous avons totalement échoué.

Je sais pourquoi nous avons échoué. Je sais où je me suis trompé. Je connais les deux erreurs structurelles classiques qui ont causé cela. Beaucoup de gens brillants et surtout les influenceurs motivationnels d'Instagram vous diront que « l'échec n'est rien d'autre qu'une occasion d'apprendre. » Moi, je vous dis que c'est n'importe quoi. Un échec a de réelles conséquences. On peut également en tirer des leçons, je l'espère, mais ce n'est pas « rien d'autre » qu'une occasion d'apprendre. Les projets réels ont un impact réel sur des personnes réelles. En matière de développement international, ces conséquences affectent souvent des gens qui ont très peu de ressources financières. Ce projet d'unité médicale mobile a représenté des heures de travail et des ressources réelles qui auraient pu être mieux utilisées.

Les deux problèmes principaux sont ceux que j'ai rencontrés durant toute ma carrière de designer. Le premier est un problème systémique classique dans les organisations sans but lucratif. Le deuxième est une erreur classique de conception technique.

Le premier problème provenait de la réalité commune aux organisations sans but lucratif : elles doivent plaire non seulement aux utilisateurs finaux, mais également à un groupe de personnes différent. Les organisations à but lucratif n'ont pas cette dualité. Le succès de leur produit se mesure au fait que l'utilisateur final l'achète ou ne l'achète pas. Par contre, dans le cas d'une organisation sans but lucratif, l'argent provient généralement de donateurs qui ont certainement de merveilleuses intentions, mais ont presque toujours une vision différente de celle des utilisateurs finaux. Les donateurs peuvent être attirés par des projets ingénieux et sympas (c'était le cas ici), mais les utilisateurs finaux peuvent réagir autrement. J'ai découvert que, quand on conçoit un produit en dehors de son propre milieu démographique, la sagesse l'emporte sur l'intelligence. Ce qui m'amène au deuxième problème.

Le deuxième problème est douloureusement évident. Nous n'avons jamais interviewé, observé ou communiqué directement avec les soignants. Je peux mettre cela sur le compte de diverses conditions, comme le manque de connectivité à l'époque (rappelez-vous : c'est l'année où Skype est sorti, mais très peu de gens l'utilisaient). Les projets centrés sur l'homme fondent une grande partie de leurs principes sur cette situation.

On ne peut pas créer sans mettre en priorité l'empathie envers les utilisateurs et sans les comprendre. Je ne cesserai sans doute jamais de regretter cette négligence. Si j'avais interrogé et observé, j'aurais constaté que personne ne voulait ni un faisceau compliqué de fils et d'interrupteurs, ni une grande valise indestructible, ni les multiples options de charge. En fait, il aurait suffi de prévoir un simple ordinateur portable avec un panneau solaire de taille appropriée et un contrôleur de charge. Aujourd'hui tout cela n'est plus d'actualité puisque les smartphones modernes font très bien l'affaire.

2.3. La Yuca, République Dominicaine

En 2011, nous avons collaboré avec Colectivo Revark[4] et l'Unversidad Iberoamericana (UNIBE) sous la responsabilité du directeur de l'Architecture Elmer Gonzalez. En dehors de l'université, Colectivo Revark était notre lien essentiel avec la communauté et avec tous nos engagements. Pourtant, notre engagement envers la communauté de La Yuca a failli ne jamais exister.[5]

La Yuca est l'un des barrios urbains financièrement les plus pauvres du centre de Saint-Domingue en République Dominicaine. La Yuca comporte une école dont la cour de récréation sert également de centre d'activités pour les enfants. Quand on se fraye un passage dans le labyrinthe du quartier, on peut toucher les murs des deux côtés des rues étroites. Si un cyclomoteur passe, il faut se presser contre un mur pour l'éviter. Le quartier bouillonne d'activité et le bruit est constant et accompagné des rythmes réconfortants et omniprésents de la bachata et des dominos. Au-dessus de nos têtes, des masses de fils électriques improvisés s'étendent dans les interstices de chaque maison. Ces boules flottantes de spaghettis électriques sont utilisées par de nombreux habitants de La Yuca,

4 Un organisme d'architecture à but non lucratif dirigé par Abel Castillo Reynoso, Wilfredo Mena Veras et Joel Mercedes Sánchez.

5 *To Catch the Rain*, Lonny Grafman, ISBN : 978-1947112049

car des fils de récupération brûlent dans un spectacle de lumière spectaculaire (Figure 2.2) et doivent être remplacés.[6]

Figure 2.2
Lignes électriques en feu à La Yuca.

L'histoire que nous a raconté une belle abuela de quatre-vingt-dix ans est que La Yuca était à l'origine une maison temporaire installée par les ouvriers qui construisaient une grande partie des quartiers environnants de la ville, et qu'ensuite les ouvriers ne sont pas partis. Il y a eu de nombreuses tentatives de pousser La Yuca et ses habitants hors de la ville, mais La Yuca a résisté. Le Colectivo Revark et l'UNIBE ont organisé notre première réunion communautaire avec la junta de vecinos (le conseil municipal) de La Yuca. Lors de cette première réunion communautaire, l'accueil fut mitigé et la junta de vecinos semblait peu intéressée à travailler avec nous. Ce n'est qu'après que le pasteur ait compris ce que nous proposions et l'ait reformulé avec éloquence que l'engagement a

6 Histoire amusante : la première fois que nous sommes arrivés avec des étudiants américains, certains d'entre eux ont cru qu'on allumait des feux d'artifice pour nous accueillir. Il s'agissait en fait de lignes électriques en feu. Photo prise quelques minutes après notre arrivée.

pris forme. Il a répété que nous n'étions pas là en tant qu'organisation caritative. Nous n'étions pas là avec une « solution ». Nous n'étions pas là pour déposer quelque chose et prendre des photos. Nous étions là pour travailler et apprendre ensemble. Nous étions là pour chercher des solutions ensemble. Et nous étions là pour que nous puissions tous acquérir des connaissances, des capacités et construire un meilleur avenir ensemble.

Après cette première réunion, nous avons décidé d'organiser une réunion ouverte à l'ensemble de la communauté afin d'identifier nos principaux besoins et ressources. Parmi les besoins les plus importants, il y avait l'eau potable (certaines personnes dépensent plus de 40% de leurs revenus pour l'eau), plus d'espace dans les écoles (il y a plus d'élèves que l'école ne peut en accueillir), l'électricité (11% des habitants de Saint-Domingue se réapproprient leur électricité) et des emplois (les revenus ne représentent souvent que quelques dollars par jour).

La réunion communautaire ouverte fut bruyante et fructueuse, notamment grâce au soutien assidu du maire de la ville, Osvaldo de Aza Carpio.[7] Nous avons discuté ensemble des dizaines de ressources disponibles et des principaux besoins. Ensuite, nous avons classé les besoins les plus importants par ordre de priorité et nous nous sommes répartis en petits groupes pour réfléchir à des solutions à ces besoins.

Ensemble, nous avons décidé de créer un système d'énergies renouvelables éolienne et solaire, une salle de classe à partir de bouteilles en plastique (un style appelé *ecoladrillo*), et un système de collecte des eaux de pluie au-dessus de la nouvelle salle de classe que nous construisions ensemble. L'école commandait à cette époque deux camions d'eau par mois, ce qui était coûteux et suffisait au nettoyage de l'école et au rinçage manuel des toilettes le soir. Il n'y avait pas d'eau pour le lavage des mains dans les toilettes ni ailleurs (un grave indicateur sanitaire).

Ensemble, nous avons construit un système de collecte de l'eau de pluie de 2000 litres qui comprenait également un stockage supplémentaire dans une citerne existante, réduisant ainsi la nécessité d'acheter deux livraisons d'eau par camion par mois à seulement deux par an.

7 Osvaldo n'était pas seulement un leader communautaire accompli à La Yuca : dans les années qui ont suivi ce premier engagement, il a joué un rôle déterminant dans les réunions d'autres communautés et a continué à être un praticien de la durabilité et un défenseur des technologies de construction dans sa communauté et dans les communautés des autres.

Nous avons également conçu et construit un système dans une école à La Yuca pour fournir l'énergie pour leur deuxième étage. Le deuxième étage de l'école est utilisé pour les classes de l'école primaire pendant la journée et pour les cours d'alphabétisation pour adultes et groupes religieux le soir. Les pièces sont chaudes et l'électricité est souvent coupée. Chaque fois que le courant est coupé on arrête les cours. Souvent, les cours ne durent que quelques minutes avant de devoir être annulés en raison des coupures de courant.

Nous avons travaillé pendant plusieurs étés pour concevoir un système d'énergie renouvelable pour le deuxième étage. Au début, nous avons envisagé des systèmes hybrides solaires et éoliens. L'éolien fonctionnait, même en milieu urbain avec des vents turbulents et à faible vitesse (ce qui n'est pas idéal pour l'énergie éolienne). Nous avons réussi à construire la turbine avec des matériaux locaux et des déchets tels que des pièces de vélo et les feuilles d'aluminium utilisées pour l'impression des journaux (Figure 2.3). Malheureusement, la puissance du vent est proportionnelle au cube de sa vitesse (par exemple, un doublement de la vitesse du vent peut se traduire par une multiplication par huit de la puissance), et les ouragans se sont avérés être une menace majeure chaque année. Le système était détruit chaque année. Finalement, entre les obstacles à l'énergie éolienne et la baisse rapide des prix et l'accessibilité croissante des panneaux solaires, nous avons conçu le système pour qu'il soit uniquement solaire.

Figure 2.3
Un système hybride éolien (ailes verticales ressemblant à des journaux) et solaire (petit panneau carré horizontal en haut) pour une salle d'école à La Yuca, Saint-Domingue, République Dominicaine. Appropedia.org/La_Yuca_small_scale_renewable_energy_2012

Nous avons travaillé avec les dirigeants locaux et les électriciens, Osvaldo et Bernardo, pour concevoir un système qui fournit un minimum de deux heures de pleine puissance pour le deuxième étage et qui ne s'allume que lorsque le courant est coupé. Le système fournit l'énergie nécessaire à l'éclairage et aux ventilateurs indispensables au bon déroulement des cours du soir. Au moment de concevoir le système, les élèves, sur la base de leur apprentissage de G2G (Section 2.4), ont caché le panneau pour le protéger du vol. Au cours de la session de co-conception, la communauté a redéfini ce concept de manière spectaculaire. Ils ont déplacé le panneau pour qu'il soit incroyablement visible et difficile à démonter grâce à l'utilisation de métal et de fil barbelé. La philosophie des concepteurs de la communauté était la suivante : placez-le là où tout le monde peut le voir ; de cette façon, si quelqu'un essaie de le voler, il sera repéré (Figure 2.4). On ne peut comprendre cette vision de la communauté que si l'on y vit. Ce qui était vrai pour le refuge pour animaux en République Dominicaine (Section 2.4) ne l'était pas pour cette école dans la même ville. J'en ai également tiré des enseignements sur les différentes approches de la sécurité dans des communautés et des contextes différents.

Figure 2.4

Deux panneaux solaires de 140W bien visibles alimentant une école à La Yuca, Saint-Domingue, République Dominicaine. Les élèves Jackson Ingram et Javier Durán sont représentés au centre. Appropedia.org/La_Yuca_renewable_energy_2014

2.4. Refuge pour animaux G2G

Deux ans après avoir lancé des projets en République dominicaine, nous avons commencé à travailler avec Ghetto2Garden en 2013 pour construire un refuge pour animaux indépendant sur le plan énergétique. Ghetto2Garden (G2G) est un refuge pour animaux à Saint-Domingue en République Dominicaine. Comme j'aime beaucoup les animaux, j'ai été ravi que Tomás De Santis de G2G me demande de créer un système photovoltaïque. Une équipe d'étudiants américains et dominicains a commencé à travailler sur ses conceptions et son prototypage. Leurs résultats étaient charmants, créatifs, éducatifs et ingénieux. Des tours de grands récipients pour vrac (GRV) abritaient l'électronique et les panneaux solaires bien visibles (Figure 2.5). Les tours GRV étaient placées au centre du refuge animalier, de façon à ce que l'installation soit visible et montre les bénéfices des énergies renouvelables tout en étant loin des bords pour éviter les vols. Les quelques 100 chiens, dont beaucoup de pitbulls indésirables, étaient répartis en plusieurs groupes et chaque groupe disposait d'une tour de GRV produisant suffisamment de lumière pour l'éclairer.

Figure 2.5
Gros plan d'un seul GRV avec les composants cachés à l'intérieur et un panneau solaire sur le dessus (à gauche). Tour de GRV avec éclairage solaire au sommet (à droite).

Lors de la réunion suivante, nous avons montré au client les prototypes réalisés en pâte à modeler. Nous avons représenté la structure de sa meute telle qu'il l'avait décrite lors de nos précédents entretiens. Il a immédiatement remarqué la faille. Au grand dam de nos étudiants, il a expliqué que les panneaux et l'équipement allaient être volés. Nous avons rétorqué que personne ne pouvait accéder aux panneaux sans passer par de très nombreux chiens. Il a balayé cet argument d'un haussement d'épaules, avec une phrase qui m'obsède : « Les voleurs vont simplement empoisonner tous les chiens. » Ma naïveté avait encore frappé. Forts de ces nouvelles informations déprimantes, les étudiants ont repris le travail de conception. Finalement, ils ont tout gardé, à l'exception de l'emplacement bien visible de l'équipement, qui était maintenant caché à plat au sommet de trois niveaux de GRV, verrouillé par une chaîne et enveloppé de fil barbelé. J'ai eu des flashbacks de mon problème de conception similaire lors de mon stage au SERC (Section 2.1), mais cette fois-ci, cacher les panneaux était beaucoup plus facile, car nous étions plus près de l'équateur où le positionnement des panneaux à plat entraînerait moins de perte de puissance que des panneaux plats à une latitude plus élevée. Plus important encore, cette fois, nous avons trouvé l'erreur dans notre conception immédiatement grâce au prototypage, au lieu d'attendre la fin du projet de conception pour la découvrir. Ces leçons spécifiques m'ont rendu un peu moins naïf : dans les environnements financièrement riches, le vandalisme des panneaux solaires peut être assez courant, et dans les environnements financièrement pauvres, le vol est souvent une menace sérieuse.

Le système final a fourni l'éclairage des animaux et a été utile à l'établissement.

En 2014, un an après l'installation du système solaire initial de G2G, le refuge a réalisé son rêve de sortir de la ville pour s'installer à la campagne, ce qui s'est accompagné de nombreuses nouvelles opportunités et problématiques. Le problème le plus récent était que les besoins en électricité étaient plus élevés, par exemple le besoin d'un réfrigérateur pour vaccins, et que le réseau électrique était très intermittent. La compagnie d'électricité causait des coupures de courant quotidiennes. Cette communauté rurale recevait trois heures d'énergie électrique par jour, et personne ne savait de quelles trois heures il s'agissait. Gérer un refuge, sur une colline, avec maintenant plus de 120 chiens et 30 chats, des bénévoles et un employé est devenu encore plus difficile puisque personne ne savait quand il y aurait du courant.

Ensemble, avec une histoire de conception commune, nous avons développé un nouveau système. Un électricien local et un chauffeur de camionnette de La Yuca (la communauté dans laquelle nous avons travaillé pour la conception de l'école dans la Section 2.3) nous ont aidés pour l'équipement, le transport, les mangues et la construction. Le vol restait un problème qui a toutefois été facilement résolu, car le site disposait de conteneurs de stockage dans lequel se trouvaient le bureau et les stocks. Les panneaux étaient posés à plat sur le toit de ces grands conteneurs.

Les plans furent vite réalisés grâce à nos apprentissages précédents. L'équipe a alors décidé d'aller plus loin en essayant de construire le système conformément aux normes du code américain, en incluant des fusibles, une protection contre les défauts de mise à la terre, une tige de mise à la terre et un paratonnerre (Figure 2.6).

Figure 2.6

Les photos du site (à gauche) sont surtout incluses pour les jolis chiens. Tout le système (à droite) pour Ghetto2Garden est posé sur le sol pour une photo et pour que nous puissions assembler le système pour une énergie temporaire afin d'alimenter les outils pour monter le système.

Après toutes les itérations de conception et la recherche de l'équipement approprié, nous sommes arrivés sur le site à plusieurs heures de la ville. Il n'y a pas de télécommunications (cellulaire ou Internet) à cet endroit. À notre arrivée, Tomás s'est excusé et nous a expliqué que le courant n'avait pas été rétabli depuis plusieurs jours et que tout leur équipement (par exemple, les foreuses) n'était pas chargé. Ce fut un de mes moments favoris de fan de solaire. Nous avons d'abord construit l'ensemble du système au sol et l'avons utilisé pour alimenter les équipements afin d'intégrer le système dans les bâtiments. Hourra pour les systèmes d'énergie décentralisée !

2.5. Baraut, Inde

À l'été 2018, je me suis trouvé avec sept étudiants américains (de l'université d'État de Humboldt en Californie) et huit étudiants indiens (du collège Lady Irwin à New Delhi) vivant en binôme avec des familles à Baraut (une petite ville) dans l'Uttar Pradesh (nord de l'Inde). J'ai codirigé le programme avec le Dr Meenal Rana, qui était la créatrice visionnaire du programme en Inde, réunissant des partenariats étonnants entre universités, organisations et communautés. Notre hôte était l'ESRO (Environment & Social Research Organization), une ONG (organisation non gouvernementale) locale basée à Baraut, qui a coordonné notre travail dans deux villages voisins : Tavelagarhi et Daula.

Notre accueil a été aussi chaleureux que le temps. Le deuxième jour à Baraut, l'ESRO a organisé une cérémonie de remise de prix et une réception en notre honneur (Figure 2.7). Pendant des jours, j'avais répété le début de mon discours en hindi : « Namaskar ! Aapke pyar bhare swagat k liye dhanyawad. Mein aapka abhari hoon. Mera naam Lonny Grafman hai aur mein Humboldt State University mein Engineering ka professor hoon. »

Ce qui se traduit par, en français : « Bonjour (avec respect). Je vous remercie pour votre accueil chaleureux. Je m'appelle Lonny Grafman et je suis professeur d'ingénierie à l'université d'État de Humboldt. »

Cela m'a pris un peu de temps en raison des sons qui ne sont pas courants dans les langues que j'essaie généralement de parler. Le public a applaudi, ce qui était très gentil de leur part. Après cela, Meenal Rana a commencé à traduire pour moi. J'ai commencé en anglais par « J'ai pratiqué cela pendant un certain temps, et c'était assez difficile. Sauf pour deux mots : 'Namaskar', parce que c'est un mot courant en Californie, et 'priya', parce que cela décrit notre accueil ici. » Je pensais que « priya » signifiait « chaleur ». Ce n'est pas le cas. En fait, c'est un nom relativement commun. Meenal m'a regardé confusément et a demandé : « Quoi ? » J'ai dit « chaleur ». Elle a corrigé cela pour tout le monde. Ainsi, lors de mon premier discours en anglais dans cette communauté, j'ai dit qu'il n'y avait que deux mots hindis qui étaient faciles pour moi... ceux que je pensais avoir dits... et je me suis trompé sur 50% ! Ce fut un présage de quelques événements au cours de l'été. C'est aussi l'un des aspects que je préfère lorsque je travaille dans de nouveaux endroits. Lorsque je connais bien une langue et un environnement, il m'est facile de commencer à penser que je suis correct dans mon langage et mes évaluations. Je dois me rappeler activement que je rate certainement des choses et que je dois faire très attention aux informations contradictoires. Je n'ai pas besoin d'un tel rappel dans un nouvel endroit, car l'environnement me le rappelle quotidiennement !

Figure 2.7
Cérémonie d'hommage du premier jour avec les participants au programme d'été.

Le nord de l'Inde est chaud en été. Durant notre première semaine là-bas, nous avons eu des températures de plus de 40 °C avec une forte humidité. Les étudiants devaient s'habituer à des toilettes accroupies, à une transpiration constante, à de nouveaux aliments, à de nouvelles conditions de vie et, plus difficile encore, à de nouvelles mœurs. Notre groupe était composé principalement de femmes. Nous avions un étudiant masculin et un enseignant masculin (moi). Nos étudiants venaient de certains des endroits les plus progressistes et libéraux de leurs pays respectifs. La ville de Baraut, et plus encore les villages de l'Uttar Pradesh, sont plus traditionnels. Les dynamiques traditionnelles de genre sont encore très rigides et maintenues dans ces régions. Nous avions tous beaucoup à apprendre, et tous nos élèves devaient s'adapter à l'environnement.

Heureusement, comme pour tous les projets de conception, la toute première étape est la création d'empathie. La mission de nos étudiants en tant que voyageurs, invités et designers était d'observer et de comprendre. Avant notre arrivée, une organisation indépendante (The Center for Environment Communication) a mené des entretiens avec les membres de la communauté locale. J'ai été très impressionné non seulement par leur dévouement (ils ont fourni plus de 44 heures d'entretiens), mais aussi par leur flexibilité et leur compréhension. Dans un premier temps, les enquêteurs ont invité les participants à poser les questions suggestives typiques de la plupart des ONG, comme :

- « Sur une échelle de 1 à 5, quelle est pour vous l'importance de l'énergie ? »
- « Sur une échelle de 1 à 5, quelle est pour vous l'importance des déchets ? »

J'aime ces questions ; elles produisent d'excellents graphiques et aident à l'obtention de bourses et à l'évaluation, mais elles ne sont pas fantastiques pour le développement de l'empathie ou pour la conception. Au lieu de cela, nous avons travaillé ensemble pour créer des questions axées sur la conception, telles que :

- « Décrivez une de vos journées cette semaine. »
- « Décrivez un moment où vous avez rencontré un problème et où vous avez pu le résoudre. »
- « Décrivez un moment où vous avez rencontré un problème et où vous n'avez pas pu le résoudre. »

Ce type de questions ouvertes est difficile à quantifier. Il ne s'agit pas de science. Il s'agit de création d'empathie et, à mon avis, c'est beaucoup plus révélateur de ce que souhaitent ceux à qui vous vous adressez. Grâce à ces questions, nous avons constaté que les priorités étaient l'eau, les déchets et l'énergie. Un exemple de récit d'utilisateur soulignant le besoin d'énergie est celui d'une jeune villageoise qui a décrit son problème, traduit et paraphrasé comme suit : « Nous n'avons pas d'alimentation électrique régulière. Lorsque l'électricité est coupée, je suis parfois incapable de faire mes devoirs.

Et ensuite je suis punie et je n'ai pas le droit de m'asseoir dans la classe. » Ce type d'histoire nous aide à comprendre le problème et à élaborer une solution (par exemple, un très petit éclairage solaire pour les devoirs). J'ai donc apporté mes outils solaires préférés, notamment de beaux multimètres. J'essaie de ne pas apporter de fournitures, car le fait de s'approvisionner localement assure plus de succès à long terme au projet... mais je n'ai pas pu résister à l'envie d'apporter aussi quelques petits panneaux efficaces et mes chargeurs USB robustes et étanches (Figure 2.8.)

Figure 2.8

Petits chargeurs USB solaires robustes que j'ai conçus pour des manifestations dans le Dakota du Nord, mais que j'ai apportés en Inde comme outils éducatifs et, je l'espère, source d'inspiration.

Une fois sur place, nous avons mené nos propres entretiens, conversations et observations et, surtout, nous avons créé des équipes comprenant un mélange diversifié d'étudiants et de membres de la communauté. Après les deux premières semaines, nous avons abandonné le solaire, car les problèmes d'eau et de déchets étaient plus pressants. Nous avons organisé un petit cours communautaire sur l'énergie solaire, puis j'ai rangé mes outils solaires pour l'été... jusqu'à ce que RK Singh, un membre de la communauté qui possède un magasin d'électronique à Baraut, nous demande de l'aider à construire son système.

Il allait construire le troisième système à Baraut, cette fois sur sa propre maison. Il s'agissait d'un système de 576W avec un aspect très particulier. Le système serait doté d'une grille métallique au-dessus de tous les panneaux (Figure 2.9). Cela réduirait bien sûr le rendement, et donc la puissance de sortie, du réseau... alors, pourquoi le faire ? RK m'a expliqué que c'est pour empêcher les panneaux de se briser à cause des singes qui jettent des pierres sur les panneaux. J'ai bien sûr accepté son raisonnement, car il avait des années d'expérience en matière d'énergie solaire et de singes. J'espérais être moi-même témoin de ce phénomène, et je me suis souvent demandé pourquoi les singes lançaient des pierres sur les panneaux. J'ai pensé que c'était peut-être dû au reflet lumineux, comme certains oiseaux qui attaquent les fenêtres.

Figure 2.9
Équipe d'installateurs avec les huit derniers panneaux et la grille de protection métallique sur le toit de RK Singh à Baraut, Uttar Pradesh, Inde.

Ensemble, nous avons assemblé le système. Bien sûr, la journée était chaude, et le toit l'était encore plus. À la fin de l'installation, nous avons pris une mauvaise décision en supposant que tous les panneaux étaient identiques, ce qui semblait exact, et approuvés par le gouvernement. Ils ne l'étaient pas. Il s'est avéré que les bornes positives et négatives étaient interverties sur certains des panneaux. Heureusement, nous n'avons rien cassé, et nous avons testé avant de finaliser l'installation. Grâce au multimètre, nous avons pu déterminer la polarité correcte de chacun des panneaux et les recâbler pour réussir l'installation (Figure 2.10).

Figure 2.10

RK Singh avec quatre des huit panneaux apparemment identiques, alors que certaines des boîtes de jonction avaient une polarité inversée, ce que nous avons découvert presque trop tard.

Pendant l'installation, j'ai enseigné aux élèves installateurs la perte d'efficacité causée par la grille. À la fin, RK m'a appelé et m'a demandé dans l'anglais le plus poli si je pensais que les singes jetaient des pierres sur les panneaux solaires. J'ai répondu oui. Je pensais que c'était lui qui me l'avait appris. À cause de la langue, j'avais mal compris. Il s'agissait en fait de se protéger contre les pierres que les gens jettent aux singes pour les empêcher de pénétrer dans leur maison et de voler leurs biens. Souvent, les singes sont en hauteur quand ils planifient leur chapardage. De plus, les panneaux sont situés en haut du toit, à l'abri des regards, mais en plein dans la trajectoire de la pierre lorsqu'elle manque le singe... ce qui arrive presque toujours. Tout s'explique. Cette grille est un élément intéressant en termes de différences environnementales. C'est aussi un exemple révélateur des compromis entre des critères tels que le coût, la durabilité et la puissance. La réduction d'environ 10% de la puissance vaut-elle les nombreuses années supplémentaires de durabilité ? Presque certainement, et les mathématiques peuvent vous le dire avec certitude.

2.6. Parras de la Fuente, Mexique

Parras de la Fuente est une oasis dans le désert de Coahuila, au nord du Mexique. Comme son nom (vignes de la fontaine) l'indique, Parras regorge d'eau de source et abrite le premier établissement vinicole des Amériques. Située en plein désert, Parras bénéficie en moyenne de plus de cinq heures d'ensoleillement maximal par jour (plus de sept heures pendant les mois ensoleillés et plus de quatre heures dans les mois pluvieux),[8] ce qui est idéal pour l'énergie solaire.

Ce contexte politique et environnemental a été exploré par mon codirecteur, le Dr Francisco de la Cabada de l'Université d'État de Humboldt (HSU), nos liaisons communautaires de l'Université technologique de Coahuila (UTC), et surtout par le travail de Carlos Alejandro Ramírez Rincón (directeur), Simón Leija (chargé de cours en sciences environnementales) et Aida Ibarra (chargée de cours sur le monde des affaires).[9]

8 Cette valeur élevée d'irradiation solaire est idéale pour la production photovoltaïque et est abordée dans les sections suivantes.

9 Grafman, L. (2018). *To Catch the Rain.* The Press at Cal Poly Humboldt ISBN 978-1947112049.

Au cours de l'été 2006, nous (le programme Practivistas, comprenant des membres de la communauté locale, des étudiants et des professeurs de l'UTC et de l'HSU) avons travaillé avec le Centro De Salud (l'hôpital local) à Parras. Lors de l'évaluation des besoins et des ressources, nous avons identifié en premier l'hôpital à qui, à première vue, nous n'avions pas la capacité d'apporter notre aide. Cette liste de besoins comprenait plus de médecins, plus d'infirmières, plus d'argent et plus de vaccins. Toutefois, nous avons découvert que le besoin de davantage de vaccins était exacerbé par les fréquentes coupures de courant qui rendaient inutilisables les vaccins disponibles. Et la communauté devait attendre que le gouvernement en fournisse davantage. L'expiration de vaccins en raison de coupures de courant a été une merveilleuse occasion pour notre collaboration dans ce désert ensoleillé. Même si les prix de l'énergie solaire étaient 10 fois plus élevés en 2006 qu'en 2021, nous étions convaincus que nous pouvions co-concevoir un système abordable répondant à leurs besoins, à condition de pouvoir faire appel à des dons.[10]

Nous avons commencé à travailler simultanément à la conception d'un système et à la collecte de dons. Le coût du système devait être sous les 500 US$, ce qui signifie que nous avions besoin de dons importants. Grâce à des lettres de l'hôpital et des deux universités, nous avons obtenu de Sunfrost des dons de panneaux, un contrôleur de charge, l'expédition et un réfrigérateur très efficace pour les vaccins.[11]

Tout s'est bien passé jusqu'à ce que les panneaux solaires soient bloqués à la douane. Les douanes voulaient faire payer l'importation des panneaux plus cher que leur valeur. Malgré l'aide du gouvernement local, nous n'avons pas pu faire passer les panneaux à la douane sans payer. Le temps manquant pour que mes élèves participent à la construction (ce qui aurait été sans problème pour l'hôpital puisque Antonio, leur technicien, faisait partie du processus de conception, mais pas pour nos objectifs académiques), nous avons finalement payé la douane pour permettre l'installation des panneaux donnés.

---

10 Cela dit, j'ai aussi commencé à concevoir un réfrigérateur à absorption solaire qui utilise l'ammoniac au lieu de la compression électrique. Ce processus s'est bien déroulé jusqu'à ce que, dans l'un de mes moments les plus embarrassants, j'évacue le campus de l'UTC après avoir versé de l'ammoniac dans un collecteur solaire thermique qui était devenu beaucoup plus chaud en peu de temps que je ne l'avais prévu. L'ammoniac s'est évaporé beaucoup plus vite sous le soleil du désert du nord du Mexique que dans le brouillard côtier du nord de la Californie, où je m'étais exercé à le verser. Tout le monde s'en est sorti, grâce à certaines procédures de sécurité.

11 Les réfrigérateurs Sunfrost (http ://www.sunfrost.com/) étaient, à l'époque, les plus efficaces au monde, grâce au travail du brillant inventeur Larry Schlussler.

Lorsque les panneaux sont finalement arrivés, le programme touchait officiellement à sa fin et j'espérais encore pouvoir construire le système avec tout le monde encore présent. Avec excitation et appréhension, nous avons ouvert le paquet. Nous l'avons rapidement inspecté pour vérifier qu'il n'y avait pas de signes de dommages dus au transport (et au fait qu'il soit resté si longtemps à la douane), puis nous l'avons retourné pour découvrir un signe d'ironie ridicule. Au lieu de laisser échapper un soupir de soulagement, nous avons éclaté de rire. Au dos du panneau, un grand autocollant proclamait : « Hecho en Mexico » - Fabriqué au Mexique.

Nous avons rapidement monté le système, à l'exception du réfrigérateur qui était encore en transit. Il est finalement arrivé après le départ de tous les étudiants, sauf un, Jeff Kinzer, qui a terminé le système avec Antonio.

Figure 2.11
Réfrigérateur photovoltaïque pour vaccins au Centro de Salud de Parras, au Mexique, avec contrôleur de charge et batterie (à gauche), panneaux solaires et rack fait nous-mêmes (à droite), et le technicien Antonio avec le réfrigérateur (au centre).

Le système a bien fonctionné et a assuré la température de conservation des vaccins. C'était passionnant de voir comment nous étions capables de réfléchir et de travailler ensemble pour répondre aux besoins. Les étudiants qui ont participé à ce projet ont maintenant installé plus de 100000kW d'énergie photovoltaïque dans le monde entier.

Par exemple, Aleiha Haley Wayman aide actuellement Hawaï à atteindre son objectif d'être 100% renouvelable d'ici 2045.

Malgré tout, nous aurions pu faire mieux (ce qui est toujours vrai). Des années après notre installation, les batteries étaient en fin de vie, et le technicien de l'hôpital a créé un système encore meilleur en utilisant le « réfrigérateur à vaccins » pour fabriquer de la glace qui garderait ensuite au froid les autres réfrigérateurs à vaccins pendant les coupures de courant. Ce nouveau système permet de réaliser d'importantes économies sur le stockage par batterie en utilisant la masse thermique de la glace pour le stockage au lieu de l'électrochimie des batteries. Avec tous les dons pour notre système, la batterie représentait plus de 50% du coût, ce qui signifie que nous aurions pu construire deux systèmes produisant de la glace, au lieu de celui avec une batterie.

2.7. Las Malvinas, République Dominicaine

Las Malvinas II, en République Dominicaine, est une communauté ad hoc construite sur le bord de la rivière Isabel, à côté de l'usine. De nombreuses industries s'installent sur les cours d'eau, et de nombreuses communautés ad hoc naissent de l'installation de travailleurs à proximité de ces usines. Ma première visite en 2010 était pour une communauté dont les liens communautaires et la gouvernance étaient forts et qui manquait cruellement de ressources. Depuis cette première visite, tous les paramètres sanitaires de base se sont améliorés, notamment en ce qui concerne l'accès à l'eau, à l'éducation, au logement et à l'emploi. Ce fut une joie d'être le témoin de la croissance et de la transformation grâce au travail d'un groupe de travail engagé *junta de vecinos.* L'association est dirigée par Ana Sobeida Familia (et Heriberto Eddie Trinidad avant elle) et par tant de membres et d'organisations communautaires motivants.

Au cours des premières années de collaboration, les besoins de la communauté étaient principalement axés sur l'éducation, la santé, les bâtiments et l'eau. Ensemble, nous avons construit une salle de classe améliorée, des systèmes de collecte des eaux de pluie et une structure d'ombrage communautaire. Nous avons également inventé de nouveaux matériaux de construction tels que les blocs Hullkrete (fabriqués à partir de déchets de balles de riz, de cendres de balles de riz, d'argile, de sable et de ciment). En 2015, l'énergie est devenue prioritaire dans la liste des besoins de la communauté. Sur la base des enseignements du passé et des sessions de brainstorming de la communauté, nous avons décidé d'organiser une série d'ateliers solaires avec des électriciens locaux.

Toute personne s'identifiant comme électricien était qualifiée et était la bienvenue pour participer. Bernardo Martinez a transformé sa maison en salle de classe et en laboratoire. Ces ateliers consistaient en quelques conférences sur les mathématiques et les composants photovoltaïques, et en beaucoup d'activités consistant à prendre de petits produits solaires cassés et à les utiliser pour en apprendre davantage sur la technologie solaire. Dans la figure 2.12, on voit le fils de Bernardo, Junior Bernardo Martinez,[12] déjà un excellent électricien local à l'âge de 15 ans, en train de réparer une lanterne solaire.

Figure 2.12
Des composants solaires cassés sont réparés par Junior Bernardo Martinez lors d'un atelier solaire à Las Malvinas.

12 À cette époque, Junior avait déjà fabriqué une bobine Tesla à partir de déchets provenant de la décharge. Aujourd'hui, en 2021, Junior est sur le point d'obtenir son diplôme universitaire d'ingénieur électricien !

Alors que les électriciens apprenaient le solaire, l'équipe a cherché à construire une pharmacie solaire publique. Les électriciens et les étudiants ont conçu et construit un système photovoltaïque complet et l'ont utilisé pour enseigner le solaire au reste de la communauté. La figure 2.13 montre Bernardo enseignant le nouveau système photovoltaïque de 250W (à gauche) et les étudiants présentant tous les projets (à droite).

Figure 2.13

Bernardo enseignant le photovoltaïque dans le système complet de 250W (à gauche) et les étudiants présentant tous les projets communautaires devant le nouveau bâtiment prévu pour la pharmacie publique (à droite).[13]

J'adore les photos de gauche de ces deux dernières figures, car vous pouvez voir ma casquette rouge s'éloigner de l'action. Mon travail consiste à devenir inutile, donc plus je suis en arrière, plus je suis confiant dans la réussite du projet. Les leçons à tirer de ce projet sont les suivantes : se baser sur les besoins et l'engagement de la communauté, commencer petit, s'appuyer sur les succès, itérer en direct avec les parties prenantes locales impliquées à chaque étape, et soutenir les dirigeants locaux dans leur gestion du projet et de l'éducation. Des personnes de cette communauté et d'autres ont tiré des enseignements de ce projet et en ont construit d'autres.

13 Le gouvernement n'a jamais tenu sa promesse d'une pharmacie publique. Aujourd'hui, ce bâtiment et ce système sont loués par une communauté qui soutient le fabricant de savon local - https ://www.esperanza-soaps.com/. Je suis très heureux de l'entendre, et j'aurais aimé faire mieux pour garantir l'engagement du gouvernement à lancer la pharmacie publique.

3. Concepts solaires

3.1. L'énergie solaire

Le soleil a utilisé moins de la moitié de son combustible hydrogène et devrait durer encore 5 milliards d'années.[14] Et pourtant, le soleil est incroyablement, presque inimaginablement puissant. Chaque heure du jour et de la nuit, la quantité d'énergie solaire qui atteint la Terre est supérieure à la consommation de tous les humains en un an.[15] La lumière solaire a de loin le potentiel théorique le plus élevé des sources d'énergies renouvelables sur Terre, et il est clair que le soleil émet beaucoup plus d'énergie que nous n'en avons besoin. La **constante solaire,** qui est le flux solaire qui atteint la Terre, est de 1,36kW/m^2.[16] Ces chiffres dépassent l'entendement, mais on peut avoir une petite idée de la puissance du soleil en regardant les images prises par la NASA (Figure 3.1.).

---

14 Le Soleil va-t-il s'éteindre un jour ? https ://www.space.com/14732-sun-burns-star-death.html

15 Ce fait incroyable sur la puissance du Soleil qui va vous époustoufler https ://www.businessinsider.com/this-is-the-potential-of-solar-power-2015-9

16 Kopp, G. ; Lean, J. L. (2011). "A new, lower value of total solar irradiance : Evidence and climate significance". *Geophysical Research Letters. 38* (1). doi :10.1029/2010GL045777.

Figure 3.1
Le soleil – Crédit photo : NASA.

Le flux solaire moyen dans le temps et l'espace qui frappe l'atmosphère extérieure est de 342W/m^2. Même si cette valeur est valable pour les astronautes qui alimentent la station spatiale, environ un tiers du flux est dispersé et absorbé avant que nous, les Terriens, puissions en profiter. Par exemple, l'ozone (O_3), le dioxyde de carbone (CO_2) et l'eau (H_2O) ont des propriétés d'absorption de la lumière très élevées. Ce qui nous laisse environ 175 W/m^2. C'est beaucoup d'énergie, mais il faut encore la capter. Lorsque nous récupérons l'énergie du soleil à l'aide de cellules solaires, on parle d'**énergie solaire**. L'énergie solaire est mesurée en watts (W). Par exemple, un téléphone mobile moyen consomme 3 à 30 watts lorsqu'il est en charge alors qu'un chargeur branché sans téléphone consomme 0,1 à 0,5 watt.[17] Pour mieux comprendre la puissance du soleil, nous allons voir en détail, dans la section relative au dimensionnement, comment calculer la puissance générée et l'énergie émise par les cellules et les systèmes solaires.

17 Consommation électrique d'un chargeur de téléphone mobile http ://energyusecalculator.com/electricity_cellphone.htm

La puissance solaire a différents types, car elle rayonne en permanence une vaste gamme de couleurs (les longueurs d'onde de la lumière) qui vont des UV (ultraviolets, qui sont en grande partie supprimés avant d'atteindre la surface – merci la couche d'ozone !) aux infrarouges illustrés à la figure 3.2. La lumière du soleil est faite de particules de lumière appelées **photons**. Quand on regarde le soleil, on voit un mélange de nombreux photons de différentes couleurs. Chaque photon a une seule couleur (ou longueur d'onde) à la fois et ces couleurs sont associées à différentes énergies. Par exemple, par temps clair à midi, vous devez utiliser une crème solaire pour bloquer les photons UV à haute énergie qui causent les cancers de la peau.

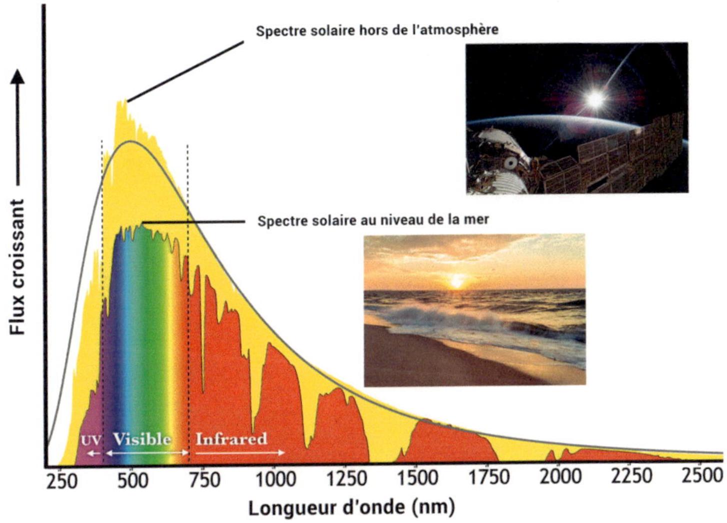

Figure 3.2
Le spectre solaire dans l'espace et au niveau de la mer[18]

La figure 3.2 montre le spectre solaire, c'est-à-dire le flux de photons qui arrivent vers la Terre par rapport à la longueur d'onde (la couleur) des photons. La ligne orange représente le spectre solaire en dehors de l'atmosphère. Le spectre atteint un pic dans la zone visible comme prévu par la physique du rayonnement du corps noir à 5800K (c'est

18 Image de http ://www.appropedia.org/Solar_Photovoltaic_Open_Lectures
https ://www.flickr.com/photos/gsfc/12867973205 CCBY
https ://pxhere.com/en/photo/1026597 CCO

la température à la surface du soleil, et tous les objets émettent un rayonnement selon leur température). Les régions de flux manquantes (la ligne noire) à la surface de la Terre sont dues à l'absorption par la vapeur d'eau et par le dioxyde de carbone. Comme vous pouvez le voir, l'énergie solaire n'est pas seulement une longueur d'onde unique (énergie, fréquence ou couleur de la lumière). Environ 48% de la lumière sont visibles par l'œil humain, 45,6% sont infrarouges et 6,4% sont UV. Il est donc assez difficile de capter la totalité de la lumière du soleil à l'aide de cellules solaires, comme nous allons le voir dans la section suivante.

3.2. Systèmes photovoltaïques

Les systèmes photovoltaïques (PV) convertissent directement l'énergie de la lumière en électricité. Les PV sont communément appelés « cellules solaires ». Les systèmes PV les plus simples alimentent des petites calculatrices et des jouets. Vous pourriez construire des systèmes PV plus complexes pour charger votre téléphone mobile (Figure 3.3) ou une clôture électrique (Figure 3.4).

Figure 3.3
Chargeur hybride Solio alimentant un téléphone portable. Photo Adam Levine, domaine public.

Figure 3.4
Clôture électrique à énergie solaire dans le village d'Oittila, Jyväskylä, Finlande. https :// commons.wikimedia.org/wiki/File :Solar_ powered_electric_fence.jpg CC-By-SA

Des systèmes un peu plus coûteux peuvent alimenter des ordinateurs et autres appareils électriques dans une bibliothèque, une école, une maison ou un immeuble (Figure 3.5). Ces systèmes PV peuvent être installés sur des toits ou sur des murs, ou même sur le sol à l'aide de supports ou de poteaux. Ceci permet au photovoltaïque de produire de l'électricité sans aucun impact sur la population vivant dans la zone.

Figure 3.5
Panneaux solaires sur le toit d'un des bâtiments du College of Engineering, KNUST, KNUST, Kumasi, Ghana. https ://commons.wikimedia.org/wiki/File :Solar_panels,_KNUST.jpg CC-By-SA

Enfin, de plus grands systèmes tels qu'illustré à la figure 3.6, appelés **fermes solaires** fournissent déjà une part de l'électricité des principaux réseaux mondiaux et cette part augmente rapidement, car le PV est la source d'énergie dont la croissance est actuellement la plus rapide au monde.[19]

19 L'énergie solaire est la source d'énergie qui connaît la croissance la plus rapide. USA Today 2017. https ://www.usatoday.com/story/money/2017/10/04/solar-energy-fastest-growing-source-power/730594001/

Figure 3.6
Grande ferme PV à l'échelle industrielle derrière une clôture aux États-Unis.

La technologie photovoltaïque offre plusieurs avantages uniques par rapport aux technologies classiques de production d'électricité.

Le PV est une véritable **technologie propre et écologique présentant de nombreux avantages pour la santé et l'environnement.**[20] Le processus de production d'énergie des panneaux photovoltaïques ne nécessite pas l'utilisation de combustibles fossiles tels que le charbon, le pétrole ou le gaz. De plus, **les modules PV produisent beaucoup plus d'énergie au cours de leur cycle de vie qu'il n'en faut pour les fabriquer.**[21] On peut donc considérer le PV comme une technologie de

20 Wiser, R., Millstein, D., Mai, T., Macknick, J., Carpenter, A., Cohen, S., Cole, W., Frew, B. and Heath, G., 2016. The environmental and public health benefits of achieving high penetrations of solar energy in the United States. *Energy*, 113, pp.472-486. Voir aussi https ://www.energy.gov/eere/solar/downloads/environmental-and-public-health-benefits-achieving-high-penetration-solar

21 Pearce, J. and Lau, A., 2002, January. Net energy analysis for sustainable energy production from silicon based solar cells. In *ASME Solar 2002: International Solar Energy Conference* (pp. 181-186). American Society of Mechanical Engineers. http ://alpha.chem.umb.edu/chemistry/ch471/evans%20files/Net_Energy%20solar%20cells.pdf

production d'énergie qui devrait être étendue le plus rapidement possible pour remplacer les combustibles fossiles.[22] **Le PV est fabriqué à partir de matériaux facilement disponibles et abondants sur la Terre**. La grande majorité des modules PV disponibles utilisent le silicium comme composant principal.[23] C'est une bonne nouvelle, car nous avons énormément de silicium : c'est le deuxième élément le plus abondant dans la croûte terrestre.[24] Les cellules de silicium fabriquées à partir d'une tonne de sable produisent autant d'électricité que la combustion de 500000 tonnes de charbon.[25] Par ailleurs, les sources conventionnelles de combustible ont créé un grand nombre de problèmes environnementaux et sanitaires, notamment des émissions de dioxyde de carbone[26] causant des changements climatiques,[27] des pluies acides,[28] la pollution atmosphérique,[29] le smog[30], la pollution de l'eau,[31] la saturation des sites d'élimination des

---

22 Kenny, R., Law, C. and Pearce, J.M., 2010. Towards real energy economics : energy policy driven by life-cycle carbon emission. *Energy Policy*, 38(4), pp.1969-1978. http ://mtu.academia.edu/JoshuaPearce/Papers/1540226/Towards_real_energy_economics_Energy_policy_driven_by_life-cycle_carbon_emission

23 Utility solar photovoltaic capacity is dominated by crystalline silicon panel technology. US EIA. 2017. https ://www.eia.gov/todayinenergy/detail.php ?id=34112

24 10 Most Abundant Elements in the Earth's Crust, Source : *CRC Handbook of Chemistry and Physics, 77th Edition* https ://education.jlab.org/glossary/abund_ele.html

25 Williams, B.W., 2006. Principles and Elements of Power Electronics. *Devices, Drivers, Applications and Passive Components.* University of Strathclyde Glasgow

26 Weisser, D. A guide to life-cycle greenhouse gas (GHG) emissions from electric supply technologies. *Energy 2007* ; 32(9) : 1543-1559.

27 Change, Intergovernmental Panel on Climate. "IPCC." *Climate change* (2014).

28 Epstein, P.R., Buonocore, J.J., Eckerle, K., Hendryx, M., Stout Iii, B.M., Heinberg, R., Clapp, R.W., May, B., Reinhart, N.L., Ahern, M.M. and Doshi, S.K., 2011. Full cost accounting for the life cycle of coal. *Annals of the New York Academy of Sciences, 1219(1)*, pp.73-98.

29 Kampa, M, Castanas, E. Human health effects of air pollution. Environmental Pollution, 2008 ;151(2) : 362-367. | Curtis, L, Rea, W, Smith-Willis, P, Fenyves, E, Pan, Y. Adverse health effects of outdoor air pollutants. Environnement International 2006 ;32(6) : 815-830. | Gaffney, J, Marley, N. The impacts of combustion emissions on air quality and climate - from coal to biofuels and beyond. Atmospheric Environment 2009 ;43(1) : 23-36. | Smith, K, Frumkin, H, Balakrishnan, K, Butler, C, Chafe, Z, Fairlie, I, Kinney, P, Kjellstrom, | T, Mauzerall, D, McKone, T, McMichael, A, Schneider, M. Energy and human health. Annual Review of Public Health 2013 ;34 :159-188. | Finkelman, R, Orem, W, Castranova, V, Tatu, C, Belkin, H, Zheng, B, Lerch, H, Maharaj, | S, Bates, A. Health impacts of coal and coal use : possible solutions. International Journal of Coal Geology 2002 ;50(1-4) ; 425-443.

30 Winchester, J.W. and Nifong, G.D., 1971. Water pollution in Lake Michigan by trace elements from pollution aerosol fallout. *Water, Air, and Soil Pollution, 1(*1), pp.50-64.

31 Zhang, J.J. and Samet, J.M., 2015. Chinese haze versus Western smog : lessons learned. *Journal of thoracic disease*, 7(1), p.3.

déchets,[32] et la destruction de l'habitat suite à des marées noires et à des accidents.[33] Aux États-Unis, le remplacement de l'énergie des centrales à charbon par l'énergie solaire pourrait sauver environ 52000 vies chaque année grâce à la réduction de la pollution atmosphérique comme on peut le voir dans la figure 307.[34]

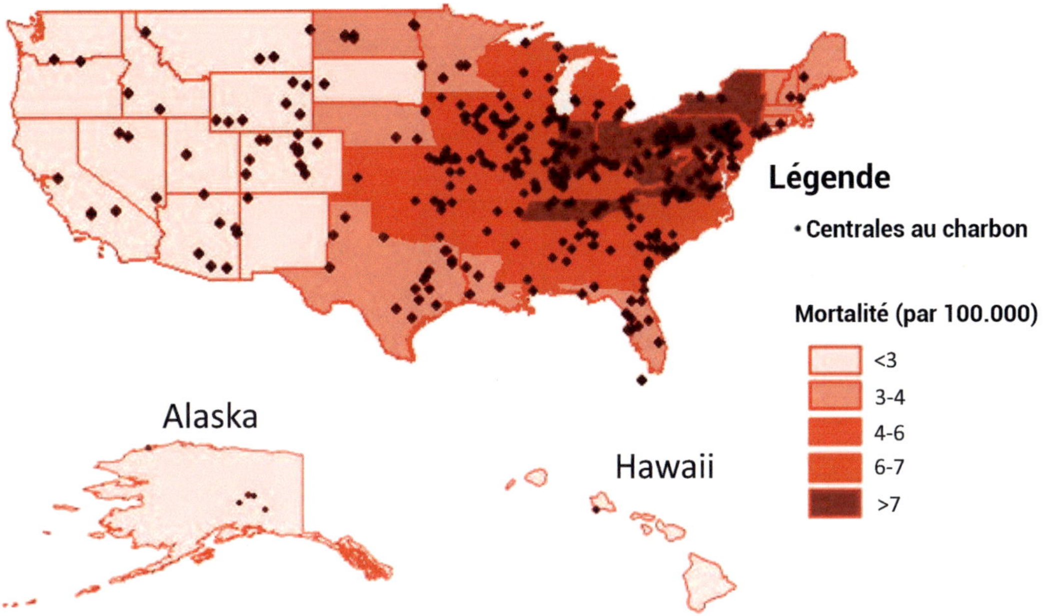

Figure 3.7
Installations de production d'électricité au charbon situées aux États-Unis et mortalité annuelle due aux émissions de charbon pour 100 000 personnes dans chaque État américain. Si l'énergie solaire remplaçait le charbon, ces décès prématurés seraient évités..[35]

- **La lumière du soleil est gratuite**, ce qui veut dire que le photovoltaïque n'engendre pas de coûts de combustible. Comme il n'y a pas de source de combustible

32 Komnitsas, K., Paspaliaris, I., Zilberchmidt, M. and Groudev, S., 2001. Environmental impacts at coal waste disposal sites-efficiency of desulfurization technologies. *Global Nest: the International Journal, 3*(2), pp.135-142.

33 Head, I.M. and Swannell, R.P., 1999. Bioremediation of petroleum hydrocarbon contaminants in marine habitats. *Current opinion in Biotechnology, 10*(3), pp.234-239.

34 Prehoda, E.W. and Pearce, J.M., 2017. Potential lives saved by replacing coal with solar photovoltaic electricity production in the US. *Renewable and Sustainable Energy Reviews, 80*, pp.710-715. https ://www.academia.edu/33288631/Potential_Lives_Saved_by_Replacing_Coal_with_Solar_Photovoltaic_Electricity_Production_in_the

35 ibid

conventionnelle, aucune dépense n'est nécessaire pour l'achat, le stockage ou le transport du combustible proprement dit. Grâce au PV, l'énergie solaire est donc abondante. **Le PV nous rapproche[36] d'une société à coût marginal nul.[37]**

- Les coûts du PV ont chuté de façon vertigineuse[38][39] (comme nous allons le voir dans la section suivante), et aujourd'hui, le solaire et l'éolien sont les sources d'électricité les moins chères dans la plupart des pays du monde.[40]

- **Les coûts d'exploitation et de maintenance des panneaux photovoltaïques sont extrêmement abordables.[41]** Pour les systèmes de petite taille décrits dans ce livre, ces coûts sont négligeables par rapport aux coûts des autres systèmes d'énergies renouvelables et des centrales électriques classiques. De manière générale, les systèmes PV ne nécessitent pas d'inspections ou de maintenance fréquentes.[42]

- **Le système photovoltaïque fonctionne partout où brille le soleil**, donc presque partout où vivent des gens.[43] C'est donc une technologie essentiellement agnostique géographiquement qui peut éviter les guerres de ressources[44] et réduire les menaces à la paix.[45]

---

36 Sawa. T. Toward a zero marginal cost society. Japan Times. https ://www.japantimes.co.jp/opinion/2018/01/24/commentary/world-commentary/toward-zero-marginal-cost-society/

37 Rifkin, J., 2014. The zero marginal cost society : The internet of things, the collaborative commons, and the eclipse of capitalism. St. Martin's Press.

38 Kavlak, G., McNerney, J. and Trancik, J.E., 2018. Evaluating the causes of cost reduction in photovoltaic modules. *Energy Policy, 123*, pp.700-710.

39 Runyon, J. US Residential and Commercial Installed Solar PV Prices Still Dropping. Renewable Energy World. 2018. https ://www.renewableenergyworld.com/articles/2018/09/us-residential-and-commercial-installed-solar-pv-prices-still-dropping.html

40 Berke, J. One simple chart shows why an energy revolution is coming — and who is likely to come out on top. Business Insider. 2018. https ://www.businessinsider.com/solar-power-cost-decrease-2018-5

41 Gielen, D., 2012. Renewable energy technologies : cost analysis series. *Sol Photovolt, 1*(1). Irena.

42 Toutefois, certaines piles nécessitent un entretien et les panneaux doivent être nettoyés dans certains endroits.

43 Build Direct. 2016. Where Does Solar Energy Work Best ? Everywhere https ://www.builddirect.com/blog/where-does-solar-energy-work-best-everywhere/

44 Klare, M., 2001. Resource wars : the new landscape of global conflict. Metropolitan Books.

45 Joshua M. Pearce, "Reducing the Threat of a Nuclear Iran with Photovoltaic Technology : The Generous Solar Option", *Peace Studies Journal 8*(1), pp. 50-54 (2015). https ://www.academia.edu/19646204/Reducing_the_Threat_of_a_Nuclear_Iran_with_Photovoltaic_Technology_The_Generous_Solar_Option

- Les systèmes PV sont **flexibles**, peuvent être conçus pour une variété d'applications et d'exigences opérationnelles, et peuvent être utilisés pour la production d'énergie centralisée ou décentralisée. **Le PV est idéal pour la production décentralisée.**[46] La production décentralisée est au cœur de l'avenir des réseaux intelligents et des réseaux énergétiques intelligents. Dans ce livre, nous abordons ces derniers : des systèmes PV que vous pouvez construire vous-même pour résoudre vos propres problèmes. Dans certains cas, les systèmes PV peuvent même être mobiles ou transportables et physiquement flexibles[47] pour être appliqués dans de nombreux types de situations.

- **Les systèmes PV sont très fiables** et ne comportent pas de pièces mobiles.[48] Même dans les conditions les plus rudes, les systèmes PV continuent à assurer l'alimentation en électricité. En comparaison, les technologies conventionnelles tombent souvent en panne dans les moments les plus critiques.

- **Les modules PV sont hautement durables et ont des cycles de vie très longs**. En général, les modules sont garantis à 80% de leur puissance nominale pour 20 ans ou plus. Ce qui veut dire que dans le pire des cas on peut s'attendre à une baisse de performances de 1% par an. Plusieurs études ont montré que dans le monde réel, la dégradation est encore plus faible, à environ 0,2%-0,5% par an,[49, 50] les panneaux PV peuvent durer jusqu'à trente ans et parfois plus.[51]

- **Les panneaux photovoltaïques sont totalement silencieux**, ce qui réduit la pollution sonore lorsqu'ils compensent les générateurs. Ceci fait également du PV une solution de premier choix pour les applications résidentielles et autres, telles que les bibliothèques ou les écoles où le silence est un critère important. Ces établissements

46 Caamaño-Martín, E., Laukamp, H., Jantsch, M., Erge, T., Thornycroft, J., De Moor, H., Cobben, S., Suna, D. and Gaiddon, B., 2008. Interaction between photovoltaic distributed generation and electricity networks. *Progress in Photovoltaics: research and applications, 16*(7), pp.629-643.

47 Engineering.com 2016. Flexible Solar Cells with Flexible Applications https ://www.engineering.com/ElectronicsDesign/ElectronicsDesignArticles/ArticleID/12683/Flexible-Solar-Cells-with-Flexible-Applications.aspx

48 Sauf pour les systèmes de traçage, pour lesquels ce n'est pas recommandé. Les panneaux PV sont dépourvus de pièces mécaniques mobiles ; par conséquent, ils tombent beaucoup moins souvent en panne et nécessitent moins de maintenance que les autres technologies de génération d'énergie (telles que les générateurs ou les éoliennes).

49 A. Realini, MTBF - PVm, Mean Time Before Failure of Photovoltaic modules, Final report, June 2003, pp. 1-58.

50 D. Chianese, A. Realini, N. Cereghetti, S. Rezzonico, E. Bura, G. Friesen, Analysis of Weather c-Si PV Modules, Proc. *3e Conférence mondiale sur la conversion photovoltaïque de l'énergie solaire*, 2003.

51 D'autres composants de certains systèmes PV tels que la batterie ont un cycle de vie beaucoup plus court et doivent être remplacés après quelques années d'utilisation.

sont actuellement alimentés par un générateur diesel (il faut noter que les onduleurs produisent un léger bourdonnement).[52]

- **Les systèmes PV sont modulaires et facilement extensibles**. Contrairement aux systèmes électriques conventionnels, les systèmes photovoltaïques permettent l'ajout de modules pour augmenter la puissance disponible. Les récents développements dans les domaines des micro-onduleurs et des optimiseurs de courant continu rendent cette tâche plus facile que jamais.[53]

- **Les systèmes PV sont sans danger.[54]** Comme ils ne nécessitent pas l'utilisation de combustibles, les systèmes PV sont très sûrs à condition d'être conçus et installés correctement.

- **Le photovoltaïque peut être utilisé pour atténuer les pics de charge.[55]** La disponibilité d'énergie solaire coïncide avec les besoins en énergie pour le refroidissement. Durant les jours d'été chauds et ensoleillés, les charges pour la climatisation sont élevées et c'est l'époque où les panneaux photovoltaïques peuvent produire l'énergie nécessaire pour les alimenter. Par conséquent, les systèmes PV constituent une solution efficace aux pics de demande en électricité, en particulier durant les mois d'été dans les régions où la demande énergétique est élevée. Cette solution profite au réseau électrique, car elle réduit les prix du marché de l'électricité conventionnelle puisqu'elle fait baisser les pics de demande.

- **Le PV est un vecteur d'indépendance de l'électricité.[56]** Les systèmes PV peuvent être conçus pour fonctionner indépendamment des réseaux électriques. Ceci présente un énorme avantage pour les communautés rurales dans les pays

52 Panneaux solaires silencieux. RGS. 2015. https ://rgsenergy.com/how-solar-panels-work/noise-free-solar-panels/

53 Comparaison des micro-onduleurs et des optimiseurs de puissance. Energy Sage. 2019. https ://www.energysage.com/solar/101/microinverters-vs-power-optimizers/

54 Sécurité des panneaux solaires : les panneaux sont-ils sans danger ? Energy Sage. https ://news.energysage.com/solar-panel-safety-need-know/

55 Yang, Y., Li, H., Aichhorn, A., Zheng, J. and Greenleaf, M., 2014. Sizing strategy of distributed battery storage system with high penetration of photovoltaic for voltage regulation and peak load shaving. *IEEE Transactions on Smart Grid, 5*(2), pp.982-991. | Chowdhury, B.H. and Rahman, S., 1988. Analysis of interrelationships between photovoltaic power and battery storage for electric utility load management. *IEEE Transactions on Power Systems, 3*(3), pp.900-907. | Ortjohann, E. and Omari, O.A., 2002, May. Peak load shaving in conventional electrical grids by small photovoltaic systems in sunny regions. In Photovoltaic Specialists Conference, 2002. *Conference Record of the Twenty-Ninth IEEE* (pp. 1634-1637). IEEE.

56 Achieving energy independence through solar PV and battery storage. *Energy 2017.* https ://www.energydigital.com/renewable-energy/achieving-energy-independence-through-solar-pv-and-battery-storage

dépourvus d'infrastructures de base et pour les personnes qui vivent trop loin du réseau conventionnel.

- **Le PV fonctionne très bien à haute altitude.**[57] Lorsque l'on utilise l'énergie solaire, la production d'électricité est optimisée en altitude. C'est un avantage considérable pour les communautés isolées en haute altitude, où les générateurs diesel doivent être déclassés en raison de leur perte de rendement et de puissance.
- De plus, le raccordement des systèmes PV aux réseaux contribue à améliorer ceux-ci. **Le photovoltaïque peut améliorer la fiabilité du réseau, ce qui est utile pour les services publics d'électricité**, car il contribue à la régulation de la tension, au contrôle dynamique, à l'alimentation ininterrompue de l'onduleur (ride-through) et à la qualité du courant.[58] Les petites centrales électriques décentralisées réduisent le risque de pannes de courant, qui sont fréquentes sur les réseaux électriques. De même, des études détaillées des pannes électriques sur les bases militaires américaines montrent que **les microréseaux alimentés par le photovoltaïque peuvent améliorer la sécurité nationale.**[59]
- **Le PV peut offrir une précieuse couverture de prix** contre les combustibles fossiles dont les prix sont variables, car l'énergie solaire est gratuite et renouvelable.[60]
- **Le PV décentralisé réduit les coûts de rénovation des réseaux**, car il permet d'éviter les frais de nouvelles infrastructures de transmission et de distribution pour gérer la fourniture d'électricité depuis les centrales électriques décentralisées.[61] Ceci réduit également les frais de construction, d'exploitation et de maintenance des centrales de combustibles fossiles, qui sont plus élevés que ceux de l'électricité solaire.

---

57 Photovoltaic Power Plants Located in High Altitudes - Some Case Studies http ://www.pvresources.com/en/pvpowerplants/highaltitudes.php

58 PV Generation and Its Effect on Utilities. Solar Professional 2013. https ://solarprofessional.com/articles/design-installation/pv-generation-and-its-effect-on-utilities ?v=disable_pagination&nopaging=1

59 Prehoda, E.W., Schelly, C. and Pearce, J.M., 2017. US strategic solar photovoltaic-powered microgrid deployment for enhanced national security. *Renewable and Sustainable Energy Reviews*, 78, pp.167-175. https ://www.academia.edu/32808527/U.S._strategic_solar_photovoltaic-powered_microgrid_deployment_for_enhanced_national_security

60 Cooper, C., 2008. À national renewable portfolio standard : politically correct or just plain correct ?. *The Electricity Journal*, 21(5), pp.9-17.

61 Minnesota Values Solar Generation with New "Value of Solar" Tariff. NREL. 2014. https ://www.nrel.gov/state-local-tribal/blog/posts/vos-series-minnesota.html

- **Le PV réduit la responsabilité des producteurs d'électricité**. De nombreuses sources d'énergie traditionnelles ont d'importantes externalités et sont fréquemment visées par des procès d'indemnisation des victimes de ces externalités. Par conséquent, le PV réduit les frais d'atténuation des impacts environnementaux[62] des combustibles fossiles tels le charbon[63] et les technologies de production nucléaire[64].
- **Le PV augmente également les recettes fiscales associées aux créations d'emplois locaux,[65]** qui sont plus nombreuses pour le solaire que pour les sources d'énergie conventionnelles.[66] Le solaire crée plus d'emplois, et des emplois mieux rémunérés que le conventionnel.[67] Par exemple, les revenus générés par le gouvernement canadien grâce à son soutien à la fabrication photovoltaïque sont tellement importants qu'il serait rentable pour lui de faire don des usines de fabrication de systèmes solaires.[68]

Le photovoltaïque semble être une excellente solution, c'est vrai. Mais ce n'est pas une technologie parfaite et elle a des inconvénients qu'il faut connaître lorsque l'on envisage un système, afin de les minimiser ou de les surmonter. Tout d'abord, le PV ne fonctionne pas bien lorsque le soleil ne brille pas (par temps couvert, pluie ou neige, et la nuit) et, par conséquent, la production du PV est difficile à prévoir (c'est-à-dire variable ou incertaine). Le PV peut bien sûr être couplé à des batteries de stockage pour résoudre ce problème

62 Allen, M., 2003. Liability for climate change. *Nature, 421*(6926), p.891.

63 Heidari, N. and Pearce, J.M., 2016. A review of greenhouse gas emission liabilities as the value of renewable energy for mitigating lawsuits for climate change related damages. *Renewable and Sustainable Energy Reviews, 55*, pp.899-908. https ://www.academia.edu/19418589/A_Review_of_Greenhouse_Gas_Emission_Liabilities_as_the_Value_of_Renewable_Energy_for_Mitigating_Lawsuits_for_Climate_Change_Related_Damages

64 Laureto, J.J. and Pearce, J.M., 2016. Nuclear insurance subsidies cost from post-Fukushima accounting based on media sources. *Sustainability, 8*(12), p.1301. https ://www.mdpi.com/2071-1050/8/12/1301/html

65 De nouvelles études montrent que l'énergie solaire crée plus d'emplois en Amérique que n'importe quel autre secteur. C'est bon pour l'environnement et bon pour l'emploi. Futurism. 2018. https ://futurism.com/new-data-shows-solar-energy-creates-more-jobs-america-other-industry

66 Lehr, U., Lutz, C. and Edler, D., 2012. Green jobs ? Economic impacts of renewable energy in Germany. *Energy Policy, 47*, pp.358-364.

67 Louie, E.P. and Pearce, J.M., 2016. Retraining investment for US transition from coal to solar photovoltaic employment. *Energy Economics, 57*, pp.295-302. https ://www.academia.edu/26372861/Retraining_Investment_for_U.S._Transition_from_Coal_to_Solar_Photovoltaic_Employment

68 Branker, K. and Pearce, J.M., 2010. Financial return for government support of large-scale thin-film solar photovoltaic manufacturing in Canada. *Energy Policy, 38*(8), pp.4291-4303. http ://mtu.academia.edu/JoshuaPearce/Papers/1540699/Financial_Return_for_Government_Support_Financial_Return_for_Government_Support_of_Large-Scale_Thin-Film_Solar_Photovoltaic_Manufacturing_in_Canada

et obtenir une alimentation continue. Toutefois, l'ajout d'une batterie de stockage ou d'un système de sauvegarde augmente les coûts et la complexité. Ensuite, l'électricité générée par le PV est un courant continu (DC), ce qui est parfait si cela correspond à votre appareil, mais si vous avez besoin de courant alternatif (AC), il vous faudra un onduleur, ce qui encore une fois augmente les coûts et la complexité. Les systèmes de grande taille qui produisent une grande quantité d'électricité, et la densité énergétique relativement faible du PV exigent des zones de déploiement assez vastes. Cela peut être au détriment d'autres utilisations du sol, notamment l'agriculture. Heureusement, l'agrivoltaïque [69] [70] (le fait d'intercaler des cultures entre les rangées de panneaux PV) et le photovoltaïque flottant[71] ou aquavoltaïque[72] (c'est-à-dire le déploiement de panneaux sur l'eau) offrent des solutions intéressantes à ce problème, avec de nombreux avantages synergiques tels qu'une augmentation du revenu par hectare et la conservation de l'eau.[73] Enfin, même s'ils requièrent très peu d'entretien et génèrent peu de coûts d'exploitation, les panneaux solaires sont généralement équipés de faces avant en verre, ce qui les rend fragiles et les expose à des dommages. Ceci est surtout problématique pour le transport et l'installation. Une fois installés, les panneaux sont très rarement endommagés. En tout état de cause, le recyclage du matériel PV reste compliqué et limité.[74] L'assurance est un bon moyen de couvrir ce risque.

Comme vous pouvez le constater, les inconvénients sont écrasés par les avantages du PV. Nous sommes convaincus que le solaire sera une source d'énergie essentielle pour la

69 Dinesh, H. and Pearce, J.M., 2016. The potential of agrivoltaic systems. *Renewable and Sustainable Energy Reviews, 54*, pp.299-308. https ://www.academia.edu/18406368/The_potential_of_agrivoltaic_systems

70 Dupraz, C., Marrou, H., Talbot, G., Dufour, L., Nogier, A. and Ferard, Y., 2011. Combining solar photovoltaic panels and food crops for optimising land use : towards new agrivoltaic schemes. *Renewable energy, 36*(10), pp.2725-2732.

71 Kumar, N.M., Kanchikere, J. and Mallikarjun, P., 2018. Floatovoltaics : Towards improved energy efficiency, land and water management. *International Journal of Civil Engineering and Technology, 9*, pp.1089-1096.

72 Pringle, A.M., Handler, R.M. and Pearce, J.M., 2017. Aquavoltaics : Synergies for dual use of water area for solar photovoltaic electricity generation and aquaculture. *Renewable and Sustainable Energy Reviews, 80*, pp.572-584. https ://www.academia.edu/33327275/Aquavoltaics_Synergies_for_Dual_Use_of_Water_Area_for_Solar_Photovoltaic_Electricity_Generation_and_Aquaculture

73 Hayibo, K.S., Mayville, P., Kailey, R.K. and Pearce, J.M., 2020. Water Conservation Potential of Self-Funded Foam-Based Flexible Surface-Mounted Floatovoltaics. *Energies, 13*(23), p.6285. https ://doi.org/10.3390/en13236285

74 McDonald, N. C., & Pearce, J. M. (2010). Producer responsibility and recycling solar photovoltaic modules. *Energy Policy, 38*(11), 7041-7047. https ://www.academia.edu/1485052/Producer_Responsibility_and_Recycling_Solar_Photovoltaic_Modules

société dans l'avenir ![75] Le PV est l'un des moyens les plus prometteurs de maintenir notre niveau de vie énergivore sans contribuer au réchauffement climatique et à la pollution.

Le solaire photovoltaïque est l'avenir de l'énergie !

3.3. Les coûts

Autrefois, les dispositifs solaires photovoltaïques étaient le composant le plus coûteux d'un système et les concepteurs passaient énormément de temps à tenter d'optimiser les performances de chaque module. Par exemple, les concepteurs de systèmes PV utilisaient de complexes pisteurs à axes multiples pour s'assurer que le PV était toujours orienté vers le soleil pour rentabiliser les coûts élevés des panneaux photovoltaïques. Heureusement, les prix du solaire ont chuté de manière vertigineuse,[76] et donc beaucoup d'anciennes notions sur le solaire ne sont plus d'actualité. En fait, les composants les plus chers de tout système photovoltaïque sont aujourd'hui les racks, c'est-à-dire la structure métallique plutôt banale qui maintient le module au sol ou sur un toit.

La baisse continue des prix des modules PV au fur et à mesure de la maturation et de l'expansion du secteur du photovoltaïque s'appelle une **« courbe d'apprentissage ».**[77] Cet apprentissage a entraîné une réduction continue et agressive des coûts des modules solaires[78] ; on appelle parfois cette tendance la **loi de Swanson**. Richard Swanson, fondateur de SunPower Corporation (fabricant de panneaux photovoltaïques) a constaté que le prix des modules PV a tendance à baisser de 20% chaque fois que le volume cumulé

75 Pearce, J.M., 2002. Photovoltaics—a path to sustainable futures. *Futures, 34*(7), pp.663-674. http ://www.academia.edu/download/12060956/futures.pdf

76 Feldman, D. ; Barbose, G. ; Margolis, R. ; Wiser, R. ; Darghout, N. ; Goodrich, A. Photovoltaic (PV) Pricing Trends : Historical, Recent, and Near-term Projections ; Technical Report ; Lawrence Berkeley National Lab. : Berkeley, CA, USA, 2012.

77 Mauleón, I. Photovoltaic learning rate estimation : Issues and implications. *Renew. Sustain. Energy Rev. 2016, 65*, 507–524.

78 Barbose, G.L. ; Darghouth, N.R. ; Millstein, D. ; LaCommare, K. ; DiSanti, N. ; Widiss, R. Tracking the Sun 10 : The Installed Price of Residential and Non-Residential Photovoltaic Systems in the United States. Disponible en ligne : https ://emp.lbl.gov/publications/tracking-sun-10-installed-price (accessed on 25 July 2018).

des livraisons double, comme on peut le voir sur la figure 3.8. La figure 3.8 montre que la baisse réelle des coûts du PV[79] est en fait un peu supérieure à 20% par doublement, selon *The International Technology Roadmap for Photovoltaic.*[80] Ces coûts varient rapidement ; par exemple, en septembre 2021, le prix le plus bas d'un module PV multisilicium était de 21,6 centimes de dollars par watt (18/09/2021).

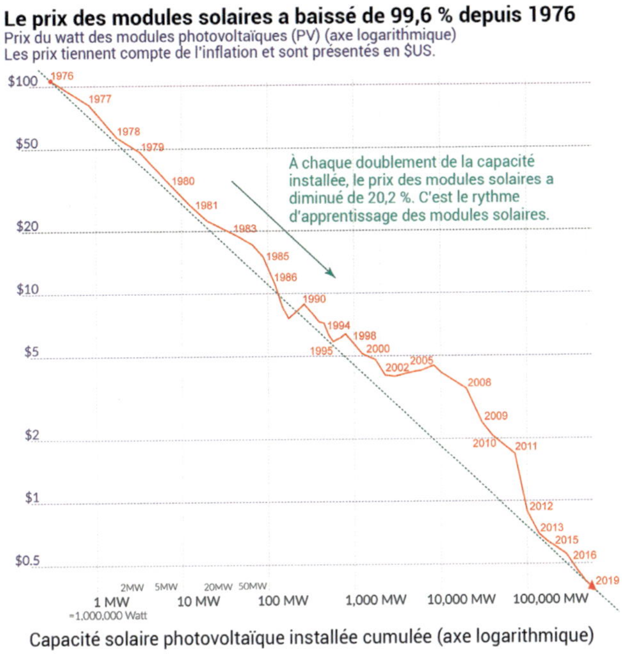

Figure 3.8

La loi de Swanson prévoit une baisse de prix de 20 % pour chaque doublement du nombre cumulé de panneaux photovoltaïques installés (ligne pointillée bleue). La ligne continue orange montre les expéditions de modules effectuées dans le monde par rapport au prix moyen des modules, de 1976 (104 $/Wc) à 2019 (0,36 $/Wc). Les prix sont en dollars de 2019. https :// commons. wikimedia.org/wiki/File :Solar-pv-prices-vscumulative-capacity.png CC-BY by Max Roser

Même si les échelles logarithmiques comme la figure 3.8 donnent de belles lignes droites pour les changements exponentiels, elles peuvent être difficiles à comprendre pour les néophytes. Vous pouvez néanmoins comparer la baisse astronomique du prix du PV sur une échelle linéaire, comme illustré par la figure 3.9. En 2018, dans le monde, les installations photovoltaïques ont dépassé les 100GW (atteignant 104GW)[81] et l'agence

79 Energy Trend. Spot prices. https ://www.energytrend.com/solar-price.html

80 International Technology Roadmap for Photovoltaic http ://www.itrpv.net/Reports/Downloads/2017/

81 Global Solar PV Installations to Surpass 104GW in 2018. GTM. 2018. https ://www.greentechmedia.com/articles/read/global-solar-pv-installations-to-surpass-104-gw-in-2018#gs.SqrNvRCJ

internationale des énergies renouvelables (IRENA) prévoit que les prix continueront à baisser, jusqu'à une baisse de 60% au cours de la prochaine décennie.[82]

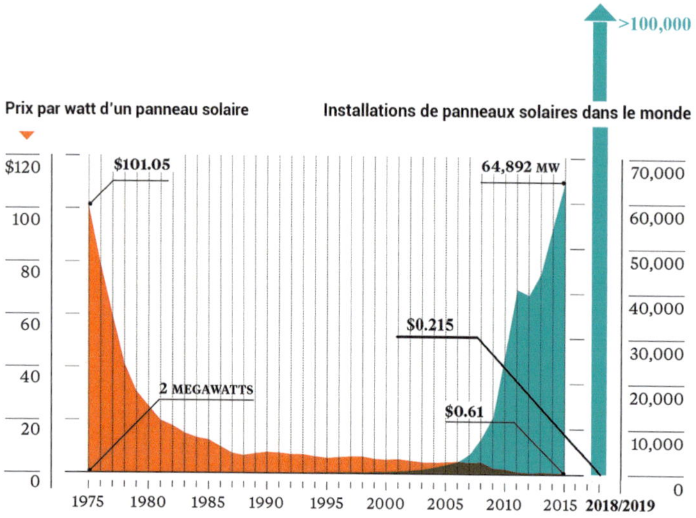

Figure 3.9
La chute drastique des prix de 1975 à 2019 suite à l'explosion des installations de PV solaire dans le monde. Graphique adapté de CleanTechnica[83] avec des données de Bloomberg, Earth Policy Institute, GTM, et Energy Trend.

On voit donc que le prix des modules PV a chuté, mais le photovoltaïque est-il réellement abordable pour vous ?

En un mot, la réponse est : oui !

Pour vous en assurer, il vous faut déterminer le coût de l'électricité en fonction du coût du système photovoltaïque. Pour ce faire, on divise le coût initial de l'ensemble entièrement installé par l'électricité qui sera produite par le PV durant son cycle de vie. C'est ce qu'on appelle le **coût actualisé de l'électricité (Levelized Cost of Electricity,**

82 Reuters. Solar Costs to Fall Further, Powering Global Demand-Irena. Disponible en ligne : https ://www.reuters.com/article/singapore-energy-solar/solar-costs-to-fall-further-powering-global-demand-irena-idUSL4N1MY2F8 (consulté le 5mars 2018).

83 Shahan, Z. Solar Panel Prices Continue Falling Quicker Than Expected (#CleanTechnica Exclusive) CleanTechnica. 2018. https ://cleantechnica.com/2018/02/11/solar-panel-prices-continue-falling-quicker-expected-cleantechnica-exclusive/

LCOE).[84] Ce calcul est un peu compliqué, car, pour le faire correctement, vous devez utiliser des valeurs d'actualisation dans le futur (nous abordons ceci en détail dans la section 8.3, si cela vous intéresse). **La réponse courte, qui compte pour votre portefeuille, est qu'aux prix actuels, les installations PV donnent un LCOE inférieur aux prix de l'électricité de réseau et, à l'échelle des services publics, le prix du PV est concurrentiel par rapport à toutes les sources conventionnelles**[85] **dans un grand nombre de régions du monde.** Le coût réel de l'installation varie considérablement selon la région où vous vivez en fonction des tarifs, taxes, réglementations et coût de la main-d'œuvre. N'oublions pas qu'il n'y a pas si longtemps, les modules PV représentaient près de la moitié du coût d'un système. Aujourd'hui la majorité des coûts sont des coûts accessoires (p. ex. la main-d'œuvre) pour les systèmes PV de taille moyenne ou petite produisant quelques kW. On voit que les prix des systèmes prévus pour des maisons et des buildings sont de quelques dollars par watt dans la plus grande partie du monde, comme le montre la figure 3.10.[86] Les prix vont de plus de 3$/W aux États-Unis à seulement 0,70$/W en Chine pour des installations résidentielles.

84 Branker, K., Pathak, M.J.M. and Pearce, J.M., 2011. Analyse du coût actualisé de l'électricité produite par le photovoltaïque. *Renewable and sustainable energy reviews, 15*(9), pp.4470-4482. https ://www.academia.edu/1484968/A_Review_of_Solar_Photovoltaic_Levelized_Cost_of_Electricity

85 Safi, M. Indian Solar Power Prices Hit Record Low, Undercutting Fossil Fuels. Disponible en ligne : http ://www.theguardian.com/environment/2017/may/10/indian-solar-power-prices-hit-record-low-undercutting-fossil-fuels (consulté le 5mars 2018).

86 Rapport Tracking the Sun de Berkeley Lab consulté le 10-10-2021. https ://emp.lbl.gov/tracking-the-sun

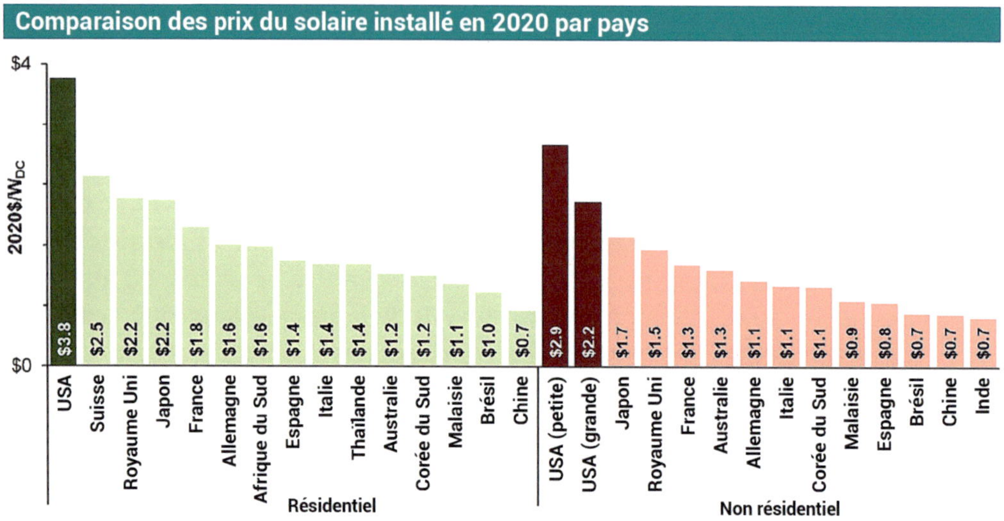

Notes : les prix installés pour les pays autres que les États-Unis proviennent du rapport « Renewable Generation Costs in 2020 » de l'Agence internationale pour les énergies renouvelables (IRENA) et sont dérivés du rapport Renewable Cost Database de l'IRENA. Pour le secteur non résidentiel, les données de l'IRENA se réfèrent généralement à des systèmes d'une taille allant jusqu'à 500 kW, et englobent donc à la fois le petit et une partie du grand segment non résidentiel utilisé dans Capter le Soleil.

Figure 3.10

Comparaison des prix des systèmes PV installés pour le résidentiel et le non résidentiel dans une sélection de pays (Tracking the Sun).[87]

Logiquement, on peut dire que plus un système est grand, plus le coût installé par watt est bas. Vous pouvez voir comment les gens arrivent à cette conclusion en examinant la figure 3.11. Par exemple, les systèmes résidentiels en 2016 étaient légèrement sous les 4$/W alors que les systèmes plus importants étaient juste au-dessus des 2$/W. Cependant, la logique ne tient pas compte des coûts exceptionnellement bas de systèmes photovoltaïques à la microéchelle, qui est le sujet de ce livre. Si vous réalisez l'installation vous-même, vous réduisez immédiatement le coût principal de la majorité des systèmes PV. Si vous pouvez construire le rack ou installer le câblage vous-même, vous allez également réduire fortement vos coûts. De plus, pour les systèmes de petite dimension, le coût de l'électricité du réseau n'est pas forcément votre critère de comparaison : ce serait plutôt le coût des batteries (qui sont beaucoup plus chères que l'électricité du réseau)[88] ou le coût d'utilisation d'un générateur ou de l'extension du réseau à votre site.

87 ibid

88 Rhett Allain. Are Expensive Batteries Worth the Extra Cost ? Wired. https ://www.wired.com/2012/01/are-expensive-batteries-worth-the-extra-cost/

Prix du solaire installé aux États-Unis au fil du temps

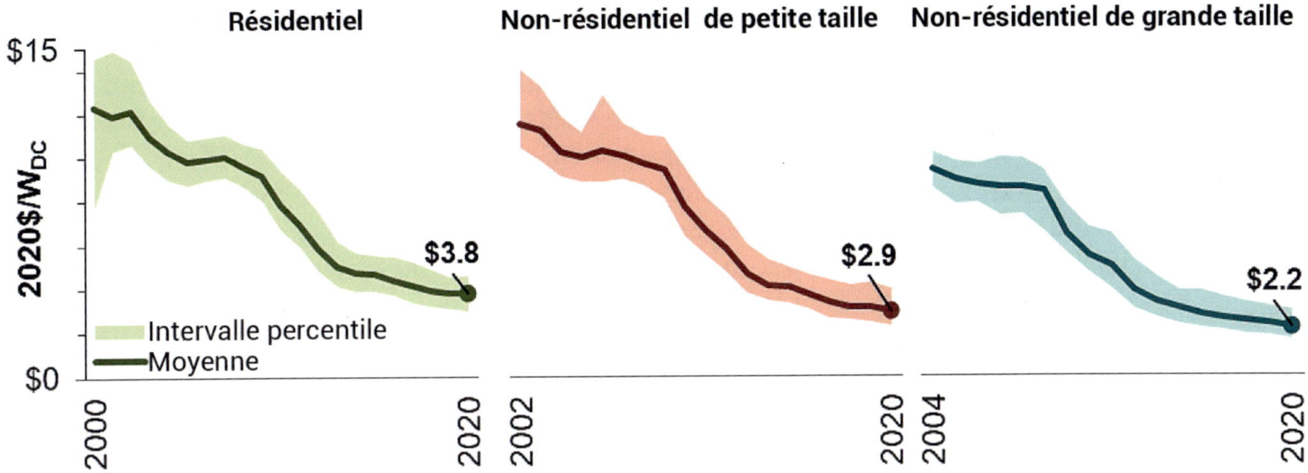

Figure 3.11

Baisse des prix des systèmes résidentiels, non résidentiels, petits et grands-- Tracking the Sun.[89]

Quelle que soit la taille de votre système PV, le financement joue un rôle prépondérant dans la rentabilité des projets d'énergie solaire ; de nouvelles méthodes de financement telles que les tiers,[90] le peer-to-peer,[91] la titrisation,[92] l'échange de crédits,[93] et des politiques gouvernementales visant la réduction de la pollution,[94,95] sont désormais disponibles et

89 Rapport Tracking the Sun de Berkeley Lab - Mise à jour des données sur le solaire décentralisé 2021 https ://emp.lbl.gov/tracking-the-sun

90 Drury, E. ; Miller, M. ; Macal, C.M. ; Graziano, D.J. ; Heimiller, D. ; Ozik, J. ; Perry, T.D., IV. The transformation of southern California's residential photovoltaics market through third-party ownership. *Energy Policy 2012, 42*, 681–690.

91 Branker, K. ; Shackles, E. ; Pearce, J.M. Peer-to-peer financing mechanisms to accelerate renewable energy deployment. *J. Sustain. Financ. Invest. 2011, 1*, 138–155. http ://mtu.academia.edu/JoshuaPearce/Papers/1540666/Peer-to-Peer_Financing_Mechanisms_to_Accelerate_Renewable_Energy_Deployment

92 Alafita, T. ; Pearce, J.M. Securitization of residential solar photovoltaic assets : Costs, risks and uncertainty. *Energy Policy 2014, 67*, 488–498. https ://www.academia.edu/6400583/Securitization_of_residential_solar_photovoltaic_assets_Costs_risks_and_uncertainty

93 Hede, S. ; Nunes, M.J.L. ; Ferreira, P. Credits trading mechanism for corporate social responsibility : An empirically grounded framework. Int. *J. Technol. Learn. Innov. Dev. 2014, 7*, 49–92.

94 Overholm, H. Spreading the rooftop revolution : What policies enable solar-as-a-service ? *Energy Policy 2015, 84*, 69–79.

95 Ameli, N. ; Kammen, D.M. Innovations in financing that drive cost parity for long-term electricity sustainability : An assessment of Italy, Europe's fastest growing solar photovoltaic market. *Energy Sustain. Dev. 2014, 19*, 130–137.

répandues (p. ex. Sunrun, Solar City/Tesla, etc. aux États-Unis) et facilitent l'accès aux systèmes PV pour tous.[96] Pour que le secteur photovoltaïque puisse accroître sa part du marché de l'électricité dans l'avenir,[97] il faudra déployer beaucoup plus d'énergie solaire. C'est là que vous pouvez jouer un rôle. Dans le passé, le coût des systèmes photovoltaïques baissait en raison de la baisse des prix des modules. Par contre, aujourd'hui, l'équilibre des systèmes (balance of systems, BOS) et les coûts d'installation représentent une fraction plus importante des coûts d'un système ; par conséquent, les prix des modules PV pèsent moins lourd dans le coût global d'un système. Par exemple, parmi les projets couverts dans Tracking the Sun 10, les rendements moyens des modules sont passés de 12,7% à 17,3% entre 2002 et 2016, suite à quoi la taille moyenne des systèmes a plus que doublé et les coûts des systèmes ont baissé de 1$/W.[98]

Les systèmes photovoltaïques à microéchelle (<1 kW) peuvent faire baisser considérablement le coût d'un système, car la main-d'œuvre et certains coûts de BOS peuvent être éliminés. Par exemple, le citoyen moyen n'a pas facilement accès au capital ou au financement nécessaire à l'installation d'un système PV capable de répondre à l'ensemble de ses besoins annuels en électricité. Un moyen de relever ce défi est d'autoriser le « solaire plug-and-play », c'est-à-dire un système PV prêt à l'emploi, tout compris (normalement composé d'un module PV et d'un micro-onduleur), qu'un prosommateur (consommateur-producteur) peut installer en le branchant sur une fiche électrique, évitant ainsi le besoin de recourir à des processus complexes d'autorisation, d'inspection et d'interconnexion. De nombreux pays avancés en cette matière autorisent le solaire plug-and-play (p. ex. le Royaume-Uni et certains pays de l'Union européenne). Une étude récente a analysé les codes et normes relatifs au solaire photovoltaïque du Code électrique national aux États-Unis, dans les juridictions locales et auprès des services publics. Cette étude a montré que les micro-onduleurs et modules PV de courant alternatif (AC) disponibles dans le commerce sont conformes à ces normes sur les plans

96 Coughlin, J. ; Cory, K.S. Solar Photovoltaic Financing : Residential Sector Deployment ; Technical Report ; National Renewable Energy Laboratory : Golden, CO, USA, 2009.

97 International Energy Agency. *Renewables 2017.* Available online : https ://www.iea.org/publications/renewables2017/ (accessed on 5 March 2018).

98 Barbose, G.L. ; Darghouth, N.R. ; Millstein, D. ; LaCommare, K. ; DiSanti, N. ; Widiss, R. Tracking the Sun 10 : The Installed Price of Residential and Non-Residential Photovoltaic Systems in the United States. Disponible en ligne : https ://emp.lbl.gov/publications/tracking-sun-10-installed-price (accessed on 25 July 2018).

technique et de la sécurité.[99] Si ces systèmes plug-and-play étaient déployés dans les foyers américains avec une guidance et des financements appropriés, ils permettraient aux consommateurs d'économiser plus de 13 milliards de dollars par an.[100]

En fait, il existe des microsystèmes PV encore moins chers, comme le photovoltaïque alimentant directement une pompe à eau. Dans ce cas, si vous faites vous-même l'installation, vous ne payerez que les modules, un peu de câblage, et les racks. Pour la quasi-totalité du monde, cela représente beaucoup moins que 1$/W, ce qui est inférieur aux installations de grands systèmes, même dans les économies les plus développées.

99 Aishwarya S. Mundada, Yuenyong Nilsiam, Joshua M. Pearce. A review of technical requirements for plug-and-play solar photovoltaic microinverter systems in the United States. *Solar Energy 135,* (2016), pp. 455–470. doi : 10.1016/jsolener.2016.06.002 https ://www.academia.edu/26379506/A_Review_of_Technical_Requirements_for_Plug-and-Play_Solar_Photovoltaic_Microinverter_Systems_in_the_United_States

100 Aishwarya S. Mundada, Emily W. Prehoda, Joshua M. Pearce. U.S. market for solar photovoltaic plug-and-play systems. *Renewable Energy. 103* (2017) pp. 255–264. DOI :10.1016/j.renene.2016.11.034 https ://www.academia.edu/29941674/U.S._Market_for_Solar_Photovoltaic_Plug-and-Play_Systems

3.4. L'effet photovoltaïque

L'effet photovoltaïque se produit lorsque deux matériaux en contact étroit sont exposés à la lumière, produisant ainsi une tension électrique. **Les dispositifs solaires photovoltaïques (PV) convertissent donc directement la lumière du soleil en électricité.** Comprendre que le PV convertit la lumière en électricité suffit pour l'utiliser. Si vous voulez comprendre la magie, voyez la colonne latérale.

Comment fonctionnent les cellules solaires.

Normalement, les électrons sont étroitement liés au noyau nucléaire d'un atome. Plus les électrons s'éloignent du noyau, plus ils sont chargés d'énergie. Lorsque des paquets de lumière, qu'on appelle photons, touchent un semiconducteur comme le silicium, ils génèrent suffisamment d'énergie pour que les électrons se séparent de leurs atomes hôtes et se déplacent vers le semiconducteur. Tôt ou tard, les électrons (fatigués) perdent de l'énergie, retombent à l'état fondamental et sont à nouveau enchaînés à un noyau. Si un matériau semiconducteur est isolé, il n'a rien d'intéressant, car il ne se passe rien. Cependant, si vous placez deux semiconducteurs l'un à côté de l'autre, l'un dopé d'électrons excédentaires et l'autre dopé d'un manque d'électrons, vous créez une jonction de cellule solaire. Les électrons générés par les photons traversent la jonction entre les deux semiconducteurs différemment dopés plus facilement dans un sens que dans l'autre, ce qui confère à un côté de la jonction une charge négative et donc une tension négative par rapport à l'autre côté. C'est exactement la même séparation de charges que celle qu'on observe dans une pile, où un côté est positif et l'autre est négatif. Ce qui est génial avec une cellule solaire, c'est qu'elle continue à produire une tension et un courant aussi longtemps qu'elle est illuminée. C'est l'électricité !

Un moyen facile de comprendre l'effet photovoltaïque d'une cellule solaire est d'imaginer des enfants jouant dans une plaine de jeux comme s'ils étaient des électrons. Au début, les électrons et les enfants sont en « état fondamental » : pas mal, mais pas très excitant (voir la Figure 3.12).

Figure 3.12
Les enfants qui jouent sur un toboggan, en bas, sont comme des électrons à l'état fondamental, sans beaucoup d'énergie.

Figure 3.13
Les électrons en « état excité » sont comme des enfants au sommet d'un toboggan : ils sont excités car remplis d'énergie potentielle.

Lorsque la lumière est projetée sur le semiconducteur, l'énergie lumineuse peut être absorbée et consommée et élever les électrons à « l'état excité ». De même, les enfants consomment l'énergie stockée dans leur corps grâce à l'alimentation, ce qui leur permet de grimper en haut d'une échelle ou sur un mur d'escalade, en état excité (voir figure 3.13). Pour les électrons comme pour les enfants à l'état excité (en haut du toboggan), il y a de l'énergie qui peut être utilisée. S'il n'y a pas de jonction photovoltaïque dans le semiconducteur, les électrons retombent tout simplement en état fondamental. Toutefois, lorsqu'il y a jonction dans un dispositif photovoltaïque, un champ électrique est généré et fait « basculer » les niveaux d'énergie, ce qui exerce une force sur les électrons libres en une charge électrique externe, comme une ampoule ou un ordinateur, où leur excès d'énergie peut être dissipé. De même, lorsque les enfants sont en haut de la structure de jeu, ils ont tendance à aller vers le toboggan, car c'est plus excitant. Lorsque les enfants glissent sur le toboggan, ils se déplacent comme des électrons dans la jonction et dissipent leur excès d'énergie tout en retombant à l'état fondamental. Le mouvement des électrons, comme celui des enfants, ne se produit que dans une direction (on ne remonte pas le toboggan !). Pour les électrons, c'est un courant continu (DC), exactement comme une pile. Tout comme les enfants, les électrons peuvent recommencer la même chose aussi longtemps qu'il y a de l'énergie (pour les électrons, la lumière dans la cellule solaire, et pour les enfants, l'énergie alimentaire stockée). Si le soleil se couche, il n'y a plus d'énergie pour lever les électrons et si les enfants jouent trop longtemps et consomment toute leur énergie chimique stockée, ils ont faim, deviennent léthargiques et ne peuvent plus grimper au sommet des structures de jeu.

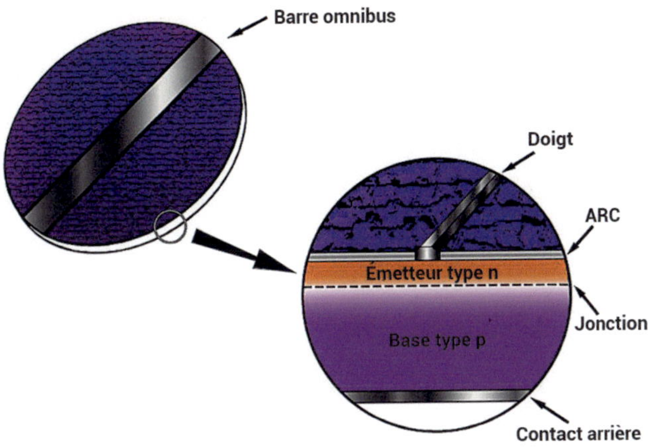

Figure 3.14
Détails de la construction d'une cellule solaire en silicium

Une cellule solaire est un peu comme un sandwich où les conducteurs sont le pain et les semiconducteurs la garniture. Il y a un conducteur métallique à l'arrière de la cellule solaire. Le courant électrique est généré dans le semiconducteur ou (zone bleue dans la figure 3.14) qui contient les deux couches dopées qui constituent la jonction p-n. Pour que la lumière atteigne les semiconducteurs, la face avant de la cellule solaire doit être transparente à la lumière. Comme ceci est difficile à réaliser en métal, les concepteurs ont toujours utilisé de fines bandes métalliques (doigts) qui laissent passer la lumière et transportent un peu d'électricité produite à proximité vers une barre omnibus qui peut supporter des courants plus importants lorsque toute l'électricité est collectée depuis les doigts.

Le dessus de la cellule solaire est recouvert d'un revêtement antireflet (anti reflection coating, ARC) qui est utilisé pour minimiser la réflexion de la lumière sur la surface supérieure. Les ARC sont faits d'une fine couche de matériau diélectrique. Lorsque la lumière entre, il faut en recueillir le plus possible et si on peut voir la réflexion de la lumière sur la cellule solaire, l'ARC n'est pas efficace.

3.5. Types de panneaux

Le laboratoire américain d'énergies renouvelables (National Renewable Energy Laboratory, NREL), qui a financé une grande partie des recherches de Joshua dans le cadre de son doctorat, possède une base de données des rendements de conversion les plus élevés confirmés pour transformer la lumière en électricité pour les cellules photovoltaïques de recherche pour un certain nombre de matériaux, de 1976 à aujourd'hui. Le graphique du NREL montrant les niveaux de rendement de toutes les technologies est présenté à la figure 3.15.[101]

101 National Renewable Energy Laboratory - National Center for Photovoltaics https ://www.energy.gov/eere/solar/downloads/research-cell-efficiency-records

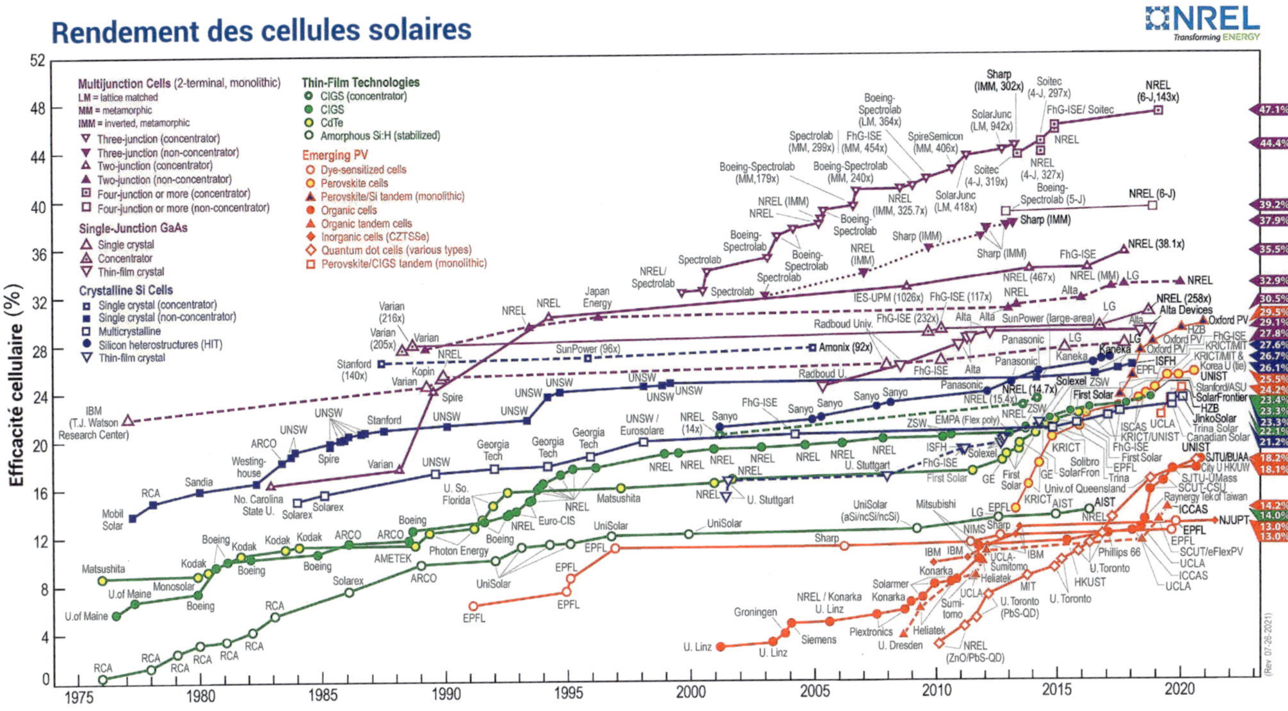

Figure 3.15

Données de rendement des cellules solaires (NREL).

Il faut noter que les valeurs indiquées dans la figure 3.15 sont des rendements observés en laboratoire. Il faut normalement plusieurs années, de cinq à dix ans, avant qu'une technologie cellulaire de haut rendement puisse être commercialisée. Par exemple, bien que Panasonic ait apporté la preuve que les cellules solaires HIT (hétérojunction à mince couche intrinsèque, qui est un sandwich de silicium cristallin à faible bande interdite entre deux couches de silicium amorphe à large bande interdite) ont un rendement supérieur à 25%, elles sont vendues actuellement à un rendement légèrement inférieur à 20%.[102] Ceci est dû en partie au fait que les résultats portent sur les cellules et non sur les modules, et ces cellules ont généralement de petites surfaces. Par exemple, alors que les modules ont à peu près la taille d'une personne les bras ouverts, la technologie standard des semiconducteurs à cristaux a la taille de votre main. Les cellules solaires sur lesquelles

102 https ://na.panasonic.com/us/energy-solutions/solar/hit-modules/n325k-photovoltaic-module-hitr-black-40mm

nous travaillons à des expériences sur film fin en laboratoire ne font généralement que 2mm de diamètre, soit à peu près deux fois l'épaisseur de votre ongle. La mise à l'échelle des technologies aux grandes surfaces cause une légère baisse de rendement, et on observe une baisse supplémentaire lorsque l'on passe au niveau du module.

Le graphique en figure 3.15 est organisé selon les différentes familles de semiconducteurs : (1) cellules multijonctions en violet, (2) cellules en arséniure de gallium à jonction unique en violet, (3) cellules en silicium cristallin en bleu, (4) technologies à film mince en vert, et (5) photovoltaïque émergent, en orange. Tout le monde sait que plus le rendement est élevé, mieux c'est. Il peut donc être tentant de ne voir que le haut de la liste et les rendements impressionnants des cellules multijonction. Par ailleurs, il convient de souligner que le rendement des cellules solaires ne doit pas être directement comparé aux autres technologies, comme un générateur, car le combustible du PV est gratuit alors que celui du générateur représente la plus grande partie du coût. À l'avenir, les cellules multijonction capables de convertir une plus grande partie du flux solaire en électricité pourraient dominer ; cependant, pour l'instant, les cellules des groupes 1 et 2 sont principalement utilisées dans des applications spatiales et militaires en raison de leur coût très élevé. Les technologies émergentes du groupe 5 sont intéressantes car, comme vous pouvez le voir sur la figure 3.15, elles s'améliorent rapidement et pourraient être commercialisées prochainement.

La grande majorité des cellules solaires sur le marché est à base de silicium cristallin, polycristallin (également appelé multicristallin) ou de silicium amorphe (groupe 3 et groupe 4 à la figure 3.15 : Records de rendement des cellules solaires (NREL)). Nous allons comparer les avantages et les désavantages de chaque type. Nous allons tout d'abord examiner le silicium cristallin et polycristallin. Avantages : haut rendement (plus de 20%), technologie bien établie, stabilité. La technologie du silicium cristallin est la même que celle qui régit l'industrie des semiconducteurs ; elle est donc mature et établie. Les inconvénients du silicium cristallin sont notamment leur faible absorption (il faut beaucoup de matériau pour absorber une quantité suffisante de lumière solaire) et la nécessité de disposer d'une grande quantité de silicium de départ hautement purifié, ce qui est coûteux. Le silicium polycristallin est moins cher à produire, mais ses propriétés électriques ne sont pas aussi intéressantes que celles du silicium cristallin pur ; il est donc moins efficace (généralement de l'ordre de 10%). Aujourd'hui, le secteur tend principalement vers le silicium cristallin pur. Vous pouvez voir que le silicium polycristallin n'est pas aussi efficace que le silicium cristallin pur en raison des lignes entre les cristaux, comme le montre la figure 3.16.

Figure 3.16
Comparaison entre une cellule solaire en silicium monocristallin (à gauche) prête à être traitée et une cellule solaire en silicium polycristallin finie (à droite). https ://commons.wikimedia.org/wiki/File :Comparison_solar_cell_poly-Si_vs_mono-Si.png CC-By-SA

Le silicium cristallin et le silicium polycristallin sont les types de modules PV les plus courants ; ils sont disponibles en une grande variété de tailles. La taille standard est très grande, comme on le voit sur la figure 3.17, où Joshua règle un champ de panneaux photovoltaïques qui alimente un centre de recherches dans le Midwest des États-Unis. Les modules ont à peu près la taille d'un adulte de petite taille et peuvent être gérés par une seule personne sans trop de difficultés si elle y prend soin.

Figure 3.17
Un champ de panneaux photovoltaïques polycristallins qui alimente un centre de recherches dans le Midwest des États-Unis, utilisé pour des tests par temps froid.

L'autre type de matériau utilisé pour les cellules solaires en silicium est le silicium amorphe. Il possède un coefficient d'absorption très élevé par rapport au silicium cristallin ; il suffit donc d'une couche très fine de ce matériau soit quelques centaines de nanomètres (à peu près un dixième de l'épaisseur de votre ongle). Pour avoir une idée de la finesse d'une cellule solaire à film mince, regardez le sac de sable à la figure 3.18. Le sable est du dioxyde de silicium. Si vous enlevez l'oxygène et utilisez le silicium restant dans ce sac pour fabriquer des cellules solaires en silicium amorphe, vous pourriez couvrir la moitié de la surface du toit d'une maison typique de Detroit, dans le Michigan (qui n'est pas l'endroit le plus ensoleillé du monde), et ces cellules solaires fourniraient toute l'électricité nécessaire à la famille américaine notoirement grande consommatrice d'électricité qui y vit.

Figure 3.18
Sac de sable.

De plus, les matériaux de cellules solaires à film mince comme le silicium amorphe peuvent être déposés sur différents matériaux : verre, métal, et même plastique. Ceci permet des applications potentielles intéressantes, telles que les cellules solaires flexibles ou à peler et coller, tel qu'illustré à la figure 3.19.

Figure 3.19
Un grand rouleau de cellules solaires souples en silicium amorphe à peler et coller dans le laboratoire de Joshua.

La cellule solaire peut également être un autocollant, comme celle que vous voyez sur l'image, où il suffit de peler le support et coller la cellule sur le bâtiment, où elle va pouvoir rester pendant très longtemps (garantie de 30 ans).[103] Le principal inconvénient du silicium amorphe est son rendement (environ 10%) par rapport aux formes de silicium cristallin (environ 20%). De plus, il se dégrade lorsqu'il est frappé par la lumière ; ce phénomène est connu sous le nom d'effet Staebler-Wronski (SWE). Toutes les cellules solaires en silicium amorphe vendues aujourd'hui sont garanties pour l'état dégradé stationnaire, où le SWE s'est arrêté. Par exemple, vous pouvez acheter une cellule solaire dont le rendement est garanti à 10%. Lors de la première installation, vous verrez avec plaisir qu'elle produit de l'électricité à un rendement de 11%. Après quelques mois, le rendement va baisser à 10% puis y restera pour le reste de son cycle de vie.

103 Nous décrirons plus en détail la durée de vie réelle d'un module PV dans la section des aspects économiques.

Il existe quelques autres technologies à film mince, telles que le CIGS et le CdTe. CIGS est l'acronyme de cuivre indium gallium selenium ou CuInGaSe2. Les cellules solaires CIGS ont des rendements élevés (en 2010, elles avaient dépassé les 20%) et une haute absorption, ce qui réduit le besoin en matériau tout comme pour le silicium amorphe. Les inconvénients de ce type de cellules solaires sont leurs problèmes d'instabilité, le fait qu'il n'est pas aussi établi que le silicium (donc prix plus élevés, car échelle plus petite), et le fait qu'ils ont une couche de CdS qui contient du cadmium toxique. Ceci nous amène au tellurure de cadmium ou CdTe. Ces cellules ont de hauts rendements, elles sont minces, et elles utilisent un déchet (Cd) des secteurs du zinc, du plomb et du cuivre comme principal absorbeur. Elles représentent souvent l'option la moins coûteuse, car l'un des fabricants (First Solar) les fournit à grande échelle. Cependant, leurs modules n'ont pas de cadre et sont fragiles ; ils sont généralement utilisés uniquement pour des fermes solaires et manipulés par des professionnels.

Figure 3.20
Modules CdTe sans cadre testés avec un système de racks alternatif. Ces modules se sont révélés trop fragiles pour des applications à petite échelle.

Un autre aspect à envisager lors du choix de vos modules solaires est la différence entre modules avec cadre et modules avec cadre. Les modules sans cadre sont plus écologiques, car ils éliminent toute l'énergie englobée dans le cadre et constituent un bon choix pour les fermes solaires situées dans des régions enneigées,[104] car ils retiennent moins la neige. Par contre, ils sont plus fragiles et demandent une manipulation attentive et un support spécial pour le rack. Nous avons testé des modules CdTe sans cadre avec la technologie alternativeative de racking (voir Figure 3.20) ; plusieurs d'entre eux se sont brisés durant le trajet de 12km entre le campus et notre installation d'essai extérieure, dans une camionnette et sur des routes goudronnées. Nous avons conclu qu'ils étaient trop fragiles pour des applications à petite échelle.

Dans un avenir proche, nous pensons que la plupart des panneaux photovoltaïques à base de silicium seront fabriqués à partir de silicium noir. Ces panneaux fonctionnent de la même manière que les panneaux bleus traditionnels, mais ils captent mieux la lumière grâce à des nanostructures gravées qui leur donnent un aspect noir et réduisent ainsi le coût par watt.[105] L'autre grand domaine d'avenir proche en matière de technologie PV est l'utilisation de modules bifaciaux qui reçoivent la lumière des deux côtés. La lumière réfléchie (l'albédo) qui frappe la face arrière du module leur confère un rendement énergétique supérieur, ce qui tend à augmenter le rendement énergétique. De plus, cela permet également de faire fondre la neige sur la face avant des modules. Par exemple, dans le Vermont, les modules bifaciaux sur un suiveur à deux axes ont produit un supplément de 14% d'électricité en un an par rapport à leurs équivalents à une face, et jusqu'à 40% de plus durant les pics de consommation d'hiver.[106] Des rendements plus élevés contribueront à faire baisser les prix, car il faut moins de racks et de câblage si le nombre de panneaux est réduit au minimum. Ceci dit, pour de nombreuses applications, il n'est pas nécessaire de prévoir un module solaire de la taille d'une personne, quel que soit le type de matériau choisi. Des modules PV même très petits peuvent être utilisés pour toutes sortes d'applications utiles telles que l'éclairage (Figure 3.21) ou un ensemble

104 Riley, D., Burnham, L., Walker, B. and Pearce, J.M., 2019, June. Differences in Snow Shedding in Photovoltaic Systems with Framed and Frameless Modules. In *2019 IEEE 46th Photovoltaic Specialists Conference (PVSC)* (pp. 0558-0561). IEEE. https ://www.osti.gov/servlets/purl/1640734

105 Modanese, C., et al., 2018. Economic advantages of dry-etched black silicon in passivated emitter rear cell (PERC) photovoltaic manufacturing. *Energies, 11*(9), p.2337. https ://doi.org/10.3390/en11092337

106 Burnham, et al. 2019, June. Performance of bifacial photovoltaic modules on a dual-axis tracker in a high-latitude, high-albedo environment. In *2019 IEEE 46th Photovoltaic Specialists Conference (PVSC)* (pp. 1320-1327). IEEE. https ://www.osti.gov/servlets/purl/1641282

de trois mini modules qui peut être utilisé pour alimenter un ordinateur portable et une imprimante 3D (Figure 3.22).[107]

Figure 3.21

Des écoliers de l'école primaire de Kembu tenant des lampes solaires alimentées par des mini-modules au Kenya. Image credit SolarAid. https ://www.flickr.com/photos/solaraid/16748134826 CC-BY

107 Jephias Gwamuri, Dhiogo Franco, Khalid Y. Khan, Lucia Gauchia and Joshua M. Pearce. High-Efficiency Solar-Powered 3-D Printers for Sustainable Development. *Machines 2016, 4*(1), 3 ; https ://doi.org/10.3390/machines4010003

Figure 3.22
Trois mini modules PV en silicium cristallin sont utilisés pour alimenter un ordinateur portable et une imprimante 3-D aux États-Unis.

3.6. Durée d'ensoleillement, puissance du plein soleil, heures d'ensoleillement maximal

Quel que soit l'endroit du monde où vous vivez, le rayonnement solaire varie continuellement du lever au coucher du soleil. On dit qu'il change de spectre (c'est-à-dire de couleur de la lumière). La radiation solaire dépend également de la couverture nuageuse, de la position du soleil, et du contenu et de la turbidité de l'atmosphère. En outre, différents types de cellules solaires réagissent différemment au spectre et même différemment à la couleur de la lumière qui rebondit du sol ![108] [109] Comme vous pouvez vous en douter, dessiner un modèle informatique parfait d'un système aussi complexe peut résulter en un fouillis de formules compliquées. Cependant, pour la grande majorité des systèmes PV, nous avons des raccourcis. Ici, nous allons vous montrer les raccourcis qui seront plus que suffisants pour vous donner une approximation raisonnablement exacte de la production d'électricité pour les systèmes PV de petite taille.

L'**irradiance** (éclairement énergétique par unité de surface) maximale est produite à l'heure de midi solaire, c'est-à-dire au point médian, dans le temps, entre le lever et le coucher du soleil. La **durée d'ensoleillement**, plus communément appelée **irradiation** (ou heures d'ensoleillement maximal) est différente de l'irradiance en raison de l'inclusion du facteur temps. La durée d'ensoleillement est la quantité d'énergie solaire reçue à un endroit donné au fil du temps, mesurée en kilowattheures par mètre carré. Souvenez-vous : le kilowattheure (kWh) est l'unité de facturation de l'électricité.

La durée d'ensoleillement mesurée en kWh/m^2 est l'équivalent des « heures d'ensoleillement maximal » (qui sont exprimées en unités d'heures par jour de plein soleil). Nous savons que tôt le matin après le lever du soleil, et le soir avant le coucher du soleil, nous n'avons pas autant d'énergie solaire qu'à midi. Imaginez que vous puissiez prendre toutes ces périodes d'heures de faible ensoleillement et les combiner pour obtenir des heures de plein soleil équivalentes à un midi sans nuage. C'est l'heure d'ensoleillement maximal. Les « heures d'ensoleillement maximal » sont définies comme le nombre d'heures par jour avec une irradiation solaire égale à $1000W/m^2$. Ces $1000\ W/m^2$ sont définis comme la **puissance du plein soleil**. Les heures d'ensoleillement maximal n'ont du sens que parce que la puissance des panneaux PV est évaluée pour un niveau de radiation de $1000W/m^2$. En d'autres termes, six heures d'ensoleillement maximal signifient que l'énergie reçue pendant la totalité des heures du jour est égale à l'énergie qui aurait été reçue si le soleil avait brillé pendant six heures avec une irradiance de $1000W/m^2$. De nombreux tableaux de données solaires sont présentés sous la forme d'une valeur quotidienne moyenne des heures d'ensoleillement maximal (kWh/m^2) pour chaque mois.

108 Andrews, R.W. and Pearce, J.M., 2013. The effect of spectral albedo on amorphous silicon and crystalline silicon solar photovoltaic device performance. *Solar Energy, 91*, pp.233-241. https ://www.academia.edu/3081684/The_effect_of_spectral_albedo_on_amorphous_silicon_and_crystalline_silicon_solar_photovoltaic_device_performance

109 Brennan, M.P., Abramase, A.L., Andrews, R.W. and Pearce, J.M., 2014. Effects of spectral albedo on solar photovoltaic devices. *Solar Energy Materials and Solar Cells, 124*, pp.111-116. https ://www.academia.edu/6222506/Effects_of_spectral_albedo_on_solar_photovoltaic_devices

Dans la plupart des endroits, on observe de trois à six heures d'ensoleillement maximal en moyenne par jour durant toute l'année. En bref, si vous déterminez le nombre d'heures d'ensoleillement maximal dans votre région, cela facilitera grandement les calculs. La carte ci-dessous vous donne une idée générale de l'irradiation dans la majeure partie du monde en kWh/m² par jour et par an. Le total journalier dans la légende est votre quantité d'heures d'ensoleillement.

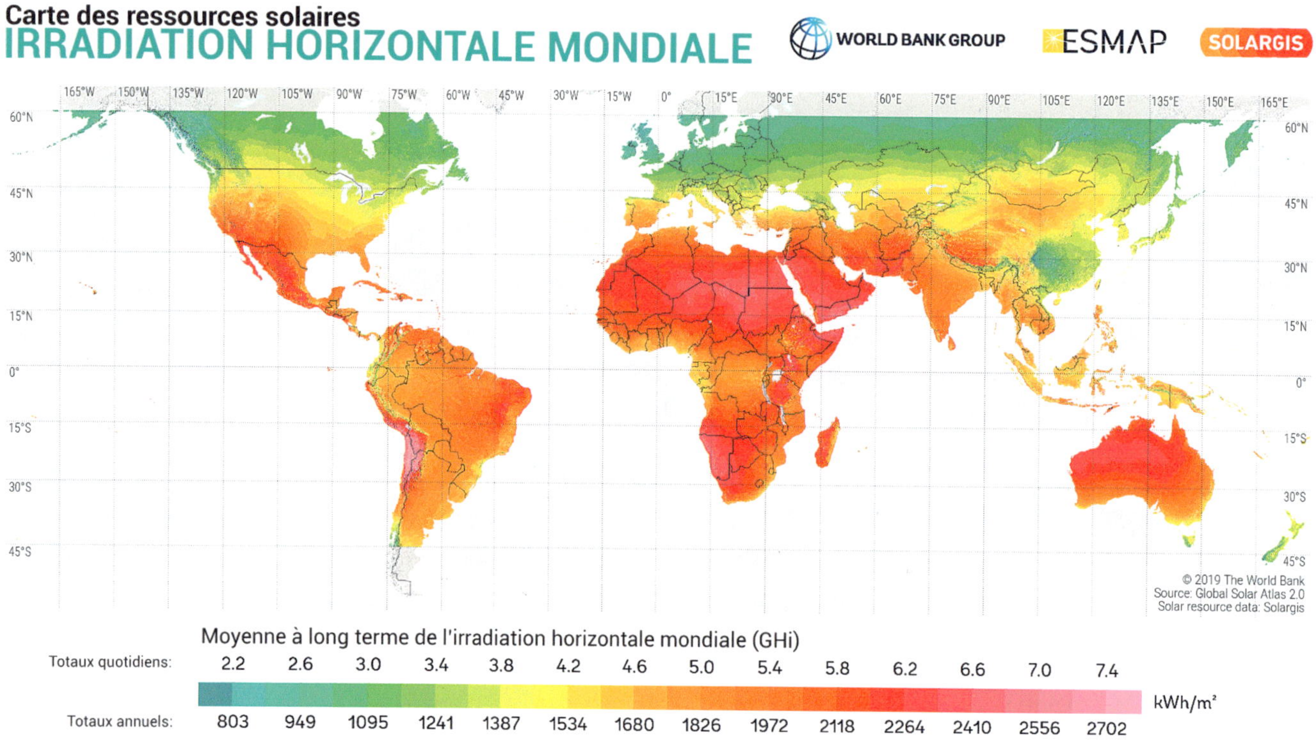

Figure 3.23

Irradiation solaire mondiale en kWh/m²

Il faut noter que cette carte a pour but de vous donner une idée de l'irradiation solaire. Pour certains systèmes de petite dimension, cette information peut suffire. Toutefois, si vous prévoyez un système de petite dimension où la quantité d'énergie électrique fournie est critique (p. ex. un réfrigérateur de vaccins alimenté par l'énergie solaire), les données les meilleures et les plus faciles à utiliser pour concevoir un système sont disponibles sous forme de tableaux et de feuilles de calcul (ou dans un programme de simulation). De manière générale, pour les groupes de modules sans suiveur (qui sont les plus économiques maintenant que le coût des modules solaires a tellement chuté), vous voulez avoir la durée d'ensoleillement globale sur une surface inclinée à la latitude orientée au sud pour l'hémisphère nord et au nord pour l'hémisphère sud. Pour obtenir une carte de votre région, veuillez consulter l'Atlas solaire mondial.[110]

3.7. Stockage et jours d'autonomie

Si vous envisagez d'installer un système photovoltaïque autonome non connecté au réseau avec des batteries, vous devez déterminer vos besoins en électricité. S'il s'agit d'un système pour votre habitation, il se peut que vous deviez passer une journée sans radio si vous avez plusieurs jours de temps couvert. Toutefois, si vous voulez installer une batterie de secours, par exemple pour un hôpital, où une panne de courant peut tuer quelqu'un, vous devez d'abord déterminer pendant combien de temps vous voulez avoir de l'électricité s'il n'y a pas de soleil. Ceci est généralement exprimé en **« jours d'autonomie »**, car ce critère est basé sur le nombre de jours pendant lesquels votre système doit fournir de l'électricité sans recevoir de charge d'entrée venant des panneaux solaires ou du réseau. Vous devez également tenir compte du modèle d'utilisation et de la nature critique de votre application. S'il n'est pas crucial pour vous d'avoir de l'électricité tous les jours, vous pouvez vous baser sur un petit nombre de jours d'autonomie (peut-être même zéro). Si vous installez un système pour une maison de week-end ou un poste de garde forestier qui ne sont pas habités en permanence, vous pouvez envisager un banc de batteries plus important et un groupe de panneaux photovoltaïques plus petit puisque votre système aura toute la semaine (ou plus) pour charger et stocker l'énergie. Par contre, si vous ajoutez un groupe de panneaux photovoltaïques en supplément d'un

110 Global Solar Atlas https ://globalsolaratlas.info/ donne des informations sur les kWh/kWc pour la plus grande partie du monde.

système à générateur, votre banc de batteries peut être légèrement sous-dimensionné puisque le générateur peut être mis en marche si nécessaire pour la recharge. Dans ce dernier cas, il s'agit de systèmes hybrides.

3.8. Rendement

Le rendement d'une cellule solaire est le pourcentage d'énergie solaire qui peut être converti en électricité. Le rendement d'une cellule solaire est défini comme suit :

Équation 3.1

$$rendement = \frac{\text{énergie électrique sortante}}{\text{énergie électrique entrante}} \text{ ou } \frac{\text{puissance électrique sortante}}{\text{puissance électrique entrante}}$$

Le rendement d'une cellule solaire est indiqué en **Conditions d'essai standard (STC)** : température ambiante (25°C), 1000W/m^2 d'énergie solaire avec un spectre AM1.5. AM1.5 est un coefficient de masse d'air de 1,5 spectre de référence ASTM G173.[111] Ceci est indiqué dans la figure 3.24. Ces répartitions de l'électricité (watts par mètre carré par nanomètre de largeur de bande) en fonction de la longueur d'onde donnent une référence commune unique pour l'évaluation des matériaux PV spectralement sélectifs quant aux performances mesurées dans tout type de sources lumineuses. Les conditions sélectionnées pour AM1.5 étaient considérées comme une moyenne raisonnable pour les 48 États contigus des États-Unis d'Amérique sur une période d'un an. L'angle d'inclinaison choisi (37 degrés) correspond approximativement à la latitude moyenne des États contigus des États-Unis. Selon l'heure de la journée sur votre site de collecte, l'énergie solaire doit parcourir une distance spécifique dans l'atmosphère. Cette longueur de trajectoire normalisée à la distance la plus courte possible (c'est-à-dire lorsque le soleil est directement au-dessus de nos têtes) est appelée masse d'air (en anglais Air Mass, AM).

111 Reference Solar Spectral Irradiance : Air Mass 1.5 https ://rredc.nrel.gov/solar//spectra/am1.5/

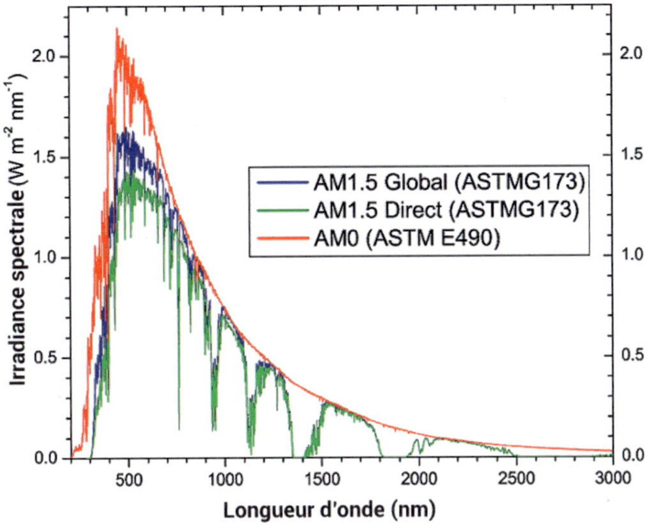

Figure 3.24
Spectres de référence AM1.5 utilisés dans les conditions d'essai standard pour le PV.

Votre système photovoltaïque ne connaîtra peut-être jamais de telles conditions. Par exemple, la température de fonctionnement d'une cellule solaire est normalement plus proche des 50°C que des 25°C lorsqu'elle se trouve à l'extérieur et à la lumière du soleil. De manière générale, le rendement d'une cellule solaire diminue au fur et à mesure que la température augmente. Ainsi, l'énergie réelle fournie par votre système PV est une combinaison de la géométrie de la conception de votre système avec la latitude et le climat (flux solaire et température). Par exemple, un module solaire d'un rendement de 20% et une surface de 1 m^2 produira 200W aux conditions d'essai standard (STC), mais il peut produire plus d'énergie par temps froid et clair, lorsque le soleil est directement au-dessus de lui. De même, ce module produira moins d'énergie par temps nuageux ou lorsque le soleil est bas dans le ciel. Dans le centre du Colorado, où la durée d'ensoleillement annuelle est de 5,5 kWh/m^2/jour (230 W/m^2),[112] on peut s'attendre à ce qu'un tel panneau produise 400 kWh d'énergie par an. Par contre, au Michigan, qui ne reçoit que 3,8 kWh/m^2/jour, le rendement énergétique annuel va tomber à 280 kWh pour le même module.

Lors de la conception d'un système photovoltaïque pour votre propre usage, vous devrez connaître la puissance nominale du module (watt crête ou Wc) plutôt que le rendement. Bien que le rendement ait un impact sur certains de vos coûts (p.ex. plus le rendement est

112 https ://www.nrel.gov/gis/solar.html

élevé, moins vous aurez besoin de racks), n'oubliez pas que la lumière solaire est gratuite et qu'elle n'est donc pas le facteur le plus important, comme nous le verrons dans les sections consacrées à l'aspect économique.

Toutefois, si vous le souhaitez, vous pouvez calculer le rendement de votre panneau par la formule suivante :

Équation 3.2

$$rendement\ du\ panneau = \frac{puissance\ de\ crête\ du\ panneau}{1000\frac{W}{m^2} \times surface\ du\ panneau} \times 100\%$$

Les 1000W/m^2 proviennent des conditions standard d'essai (STC) utilisées, qui évaluent la puissance de crête du panneau. Vous obtenez la surface du panneau en multipliant la longueur par la largeur. Par exemple, si votre panneau mesure 1 mètre carré et a une puissance de crête de 200W, votre panneau a un rendement de 20%.

4. Électricité

Dans les systèmes électriques à courant continu (DC) comme un téléphone portable utilisant une batterie, la charge électrique (le courant) ne circule que dans une direction.[113] En revanche, dans les systèmes électriques à courant alternatif (AC) comme un mixeur branché sur une prise de courant, le courant électrique change de direction périodiquement et rapidement (50 à 60 fois par seconde selon les pays).

4.1. Concepts DC

Le courant continu est un flux de charge électrique à sens unique. Une batterie est un bon exemple d'alimentation DC : tout le monde la connaît, car elle est utilisée partout, des voitures aux téléphones portables. L'électricité stockée dans une batterie est comme un réservoir d'eau. On ne peut remplir une batterie (ou un réservoir d'eau) qu'avec une quantité limitée d'énergie (d'eau). Dans la figure 4.1, l'indicateur vert (avec quatre barres de charge) montre que la batterie est pleine et ne peut plus accepter de charge supplémentaire. Si un supplément d'énergie est dirigé vers cette batterie, l'énergie sera gaspillée. Lorsque vous utilisez l'énergie de la batterie, c'est comme si vous laissez couler l'eau du réservoir (illustré à la figure 4.1 en jaune et en marron avec respectivement

113 Ce qui est intéressant, c'est que le courant circule dans la direction opposée des électrons (par convention, la direction du courant est le sens de circulation de la charge positive). Si cela vous semble un peu confus, c'est parce que c'est le cas. C'est la faute à Benjamin Franklin, le premier polymathe américain : génial auteur, imprimeur, théoricien politique, politicien franc-maçon, maître de poste, savant, inventeur, humoriste, activiste, homme d'État et diplomate. Lors de ses premières expériences en électricité, il avait une chance sur deux de deviner la bonne direction. C'était un génie, mais il s'est quand même trompé, si bien que pendant des siècles, l'ingénierie électrique a été un peu plus compliquée qu'elle n'aurait dû l'être. Ainsi, un courant de charge négative vers la gauche est un courant électrique vers la droite.

trois et deux barres de charge). Lorsque le réservoir est vide (la batterie est totalement déchargée), vous ne pouvez plus tirer de l'eau (de l'électricité) de votre source.

Figure 4.1
Indicateurs d'état de charge du stockage d'énergie DC.

Le photovoltaïque solaire agit également comme alimentation en courant continu. Le courant continu provenant du PV peut être utilisé comme alimentation électrique pour toutes sortes de systèmes électroniques. Toutefois, il peut également être utilisé pour charger des batteries. L'avantage est que l'électricité solaire peut être stockée pour être utilisée ultérieurement lorsqu'elle est nécessaire, même si le soleil ne brille plus. L'énergie produite par un système PV est uniquement un courant continu, sauf si le système est équipé d'un dispositif électronique appelé onduleur (qui convertit le DC en AC).

4.2. Séries et parallèle

Tout comme les piles que nous utilisons à la maison, les panneaux solaires PV ont une borne négative (-) et une borne positive (+). La plupart des grands modules PV sont désormais équipés de connecteurs MC4 mâles et femelles (illustrés en médaillon sur la Figure 4.2). Les initiales MC sont celles du fabricant Multi-Contact ; le chiffre 4 désigne le diamètre (4mm) de la broche de contact. Les MC4 permettent de connecter facilement des strings (chaînes) de panneaux solaires PV en poussant à la main les connecteurs des panneaux adjacents les uns contre les autres. On entend un déclic rassurant lorsqu'ils s'assemblent. Cependant, il faut un outil (p. ex. une pince à bec pointu ou un outil polyvalent) pour les déconnecter pour éviter qu'ils ne se déconnectent accidentellement lorsque l'on tire sur les fils, que ce soit lors de l'installation ou en cours d'utilisation. En général, l'extrémité mâle est positive et la femelle est négative, mais il faut vérifier à l'arrière du module les étiquettes sur le boîtier de jonction (comme illustré dans la figure 4.2) ou, mieux encore, faire un test au multimètre.

Les bornes positive et négative sont généralement étiquetées au dos du module ou sont fournies avec des fils codés en rouge et en noir comme illustré dans l'encart de la figure 4.2.

Figure 4.2
Connecteurs MC4 sur un module PV standard. En médaillon : Affichage du code couleur des bornes négatives et positives d'un module PV à petite échelle.

Le courant circule de la borne négative à travers une **charge** (tout appareil consommant du courant comme un ordinateur, un réfrigérateur à vaccins, une lampe ou une radio) vers la borne positive. Pour câbler vos panneaux solaires PV de façon à ce qu'ils soient utiles, vous devez créer un circuit. Le circuit le plus simple est fait d'un panneau solaire et d'une charge, un ventilateur par exemple, où le trajet du courant forme une boucle complète, comme indiqué sur la in figure 4.3.

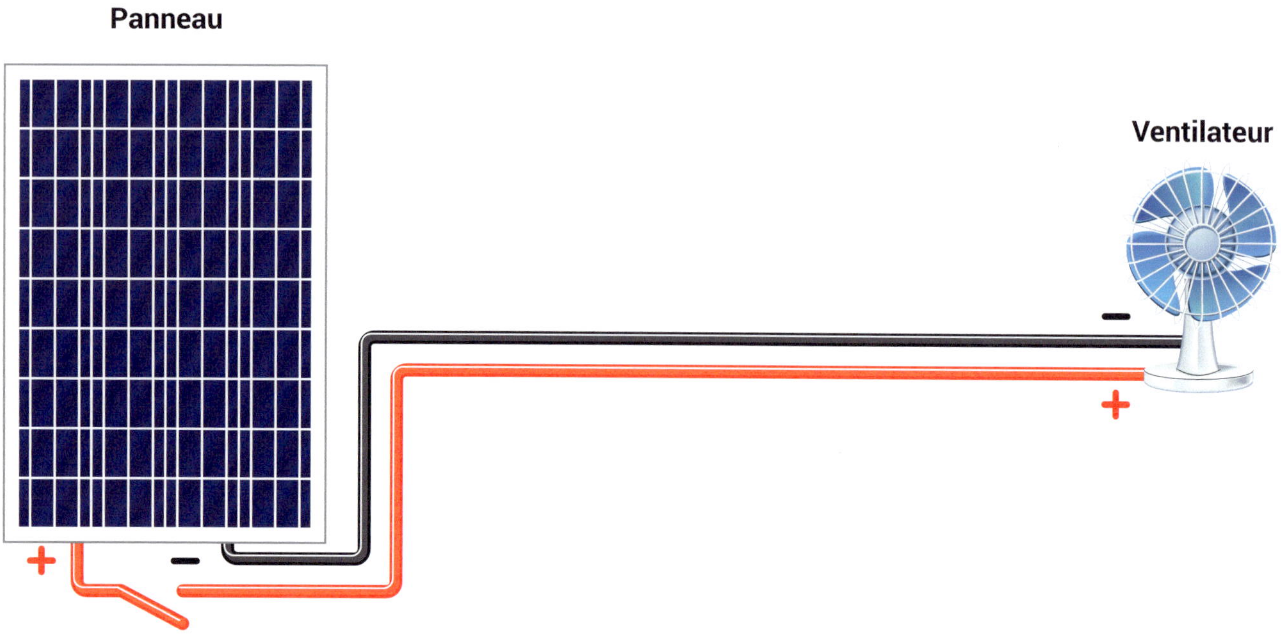

Figure 4.3
Circuit PV simple avec un panneau et un ventilateur.

Le courant ne fait le tour de la boucle que dans un seul sens : il est continu. Cependant, lorsque vous commencez à ajouter plusieurs panneaux solaires, vous avez le choix entre trois options pour les câbler : 1) en série, 2) en parallèle, ou 3) en une combinaison des deux. Nous allons examiner les deux premiers cas.

Les **circuits en série** n'offrent qu'un seul trajet au courant, en une boucle continue, comme illustré dans le simple exemple de la figure 4.4. Lorsque les circuits sont disposés de cette manière, tout le courant du circuit doit circuler à travers toutes les charges. Dans un circuit en série, si vous interrompez le flux de courant n'importe où dans la boucle, comme si vous appuyez sur un interrupteur, le courant s'arrête partout. Lorsque vous câblez des panneaux solaires en série, vous connectez la borne positive d'un panneau à la borne négative du panneau suivant et ainsi de suite, comme illustré dans la figure 4.4. Lorsque vous câblez des panneaux solaires PV en **série, la tension s'accumule, mais le courant mesuré en ampères est constant**. Comme vous pouvez le voir sur la figure 4.4, si vous câblez quatre modules de 12 volts et 5 ampères (avec une puissance de crête totale de 60W chacun), le champ de panneaux photovoltaïques totalisera 48 volts et 5 ampères (puissance de crête totale de 240W).

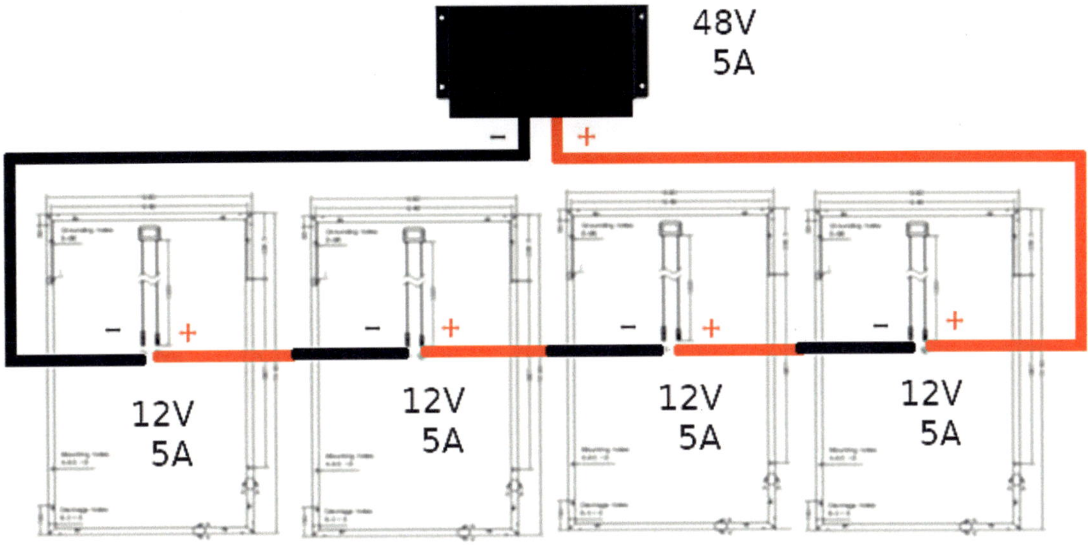

Figure 4.4
Circuit PV en série.

Par contre, lors du câblage de modules solaires en **circuits parallèles**, le courant peut emprunter plusieurs chemins pour former une boucle, comme le montre la figure 4.5.

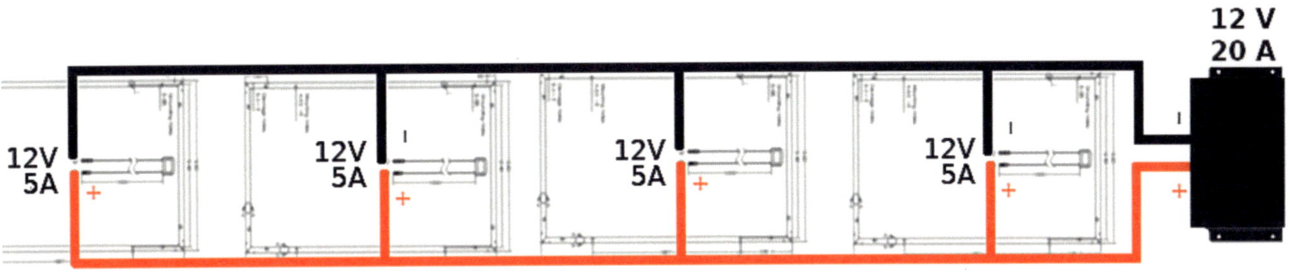

Figure 4.5
Système de câblage d'un système PV en parallèle.

Dans ce type de circuit, même si vous placez un interrupteur et le coupez quelque part sur le circuit, l'électricité a d'autres chemins possibles et peut donc ignorer le chemin coupé. On utilise généralement des circuits parallèles dans la plupart des câblages électriques domestiques. Ainsi, lorsque vous éteignez votre ordinateur, il n'éteint pas l'éclairage ou vice-versa.

Lorsque vous câblez des panneaux solaires PV en parallèle, le courant s'accumule, mais la tension reste la même. Donc, comme vous pouvez le voir avec les mêmes panneaux solaires que ceux illustrés dans la figure 4.4, cette fois la tension reste de 12 V pour le circuit, mais le courant est de 4 branches x 5 A/branche ou 20 A. Remarquez que la puissance de crête (12 V x 20 A) est toujours de 240 W.

Pour le circuit le plus simple, un câblage en série peut convenir ; pour un système un peu plus complexe, le parallèle est probablement la meilleure option. Toutefois, pour les systèmes plus complexes, il est également possible d'utiliser un câblage parallèle et un câblage en série dans le même circuit. Ceci est habituel pour les systèmes photovoltaïques qui utilisent un onduleur de branche. Un onduleur de branche a généralement une fenêtre de tension nominale que les panneaux solaires PV doivent lui transmettre pour qu'il fonctionne. De plus, l'onduleur de branche doit avoir un courant nominal pour fonctionner correctement. En effet, les onduleurs de branche sont équipés de suiveurs du point de puissance maximale (maximum power point, MPP) qui font varier le courant et la tension pour produire la puissance la plus élevée possible (maximale) pour une quantité donnée de lumière solaire. Comme l'intensité de la lumière solaire varie au cours de la journée, le champ de panneaux photovoltaïques envoie à l'onduleur une variété de tensions et de courants.

Supposons que nous voulons créer un système PV de 480 Wc avec un onduleur de branche dont la fenêtre de tension s'ouvre à 48V. Pour ce système, nous avons accès à des mini-modules de 60W dont la tension en circuit ouvert (Voc) de 12V. Pour atteindre la plage de tension minimale, nous avons besoin de quatre modules en série.

Si la taille de notre système doit être de 480Wc ou plus, quatre modules de 60W chacun ne seront pas suffisants. Il nous faut plus de puissance ! Nous avons besoin d'un système de huit modules (480W/60W par module = 8 modules).

Nous aurons donc deux branches de quatre modules que nous câblerons en parallèle, comme indiqué dans la figure 4.6.

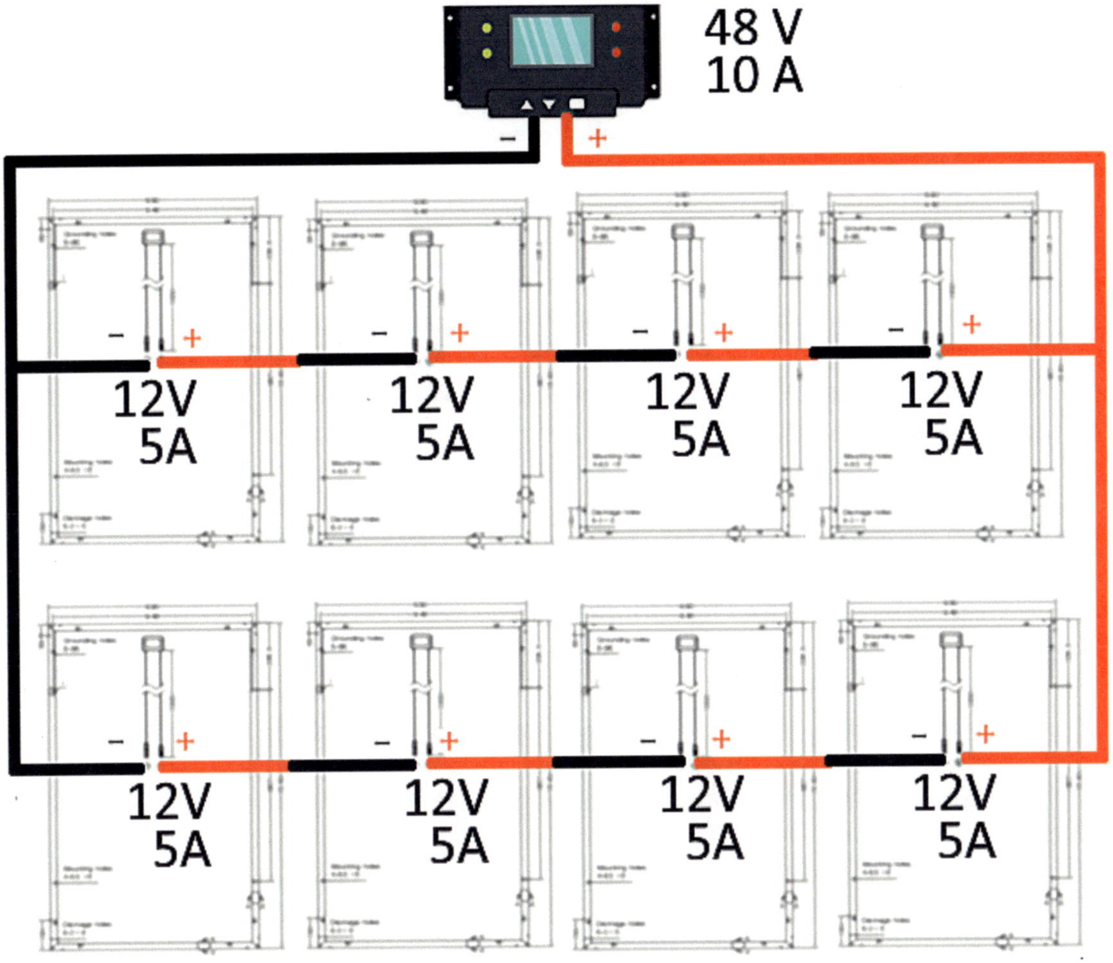

Figure 4.6
Deux branches câblées en série, où les branches sont câblées en parallèle.

4.3. Puissance et énergie

Les mots puissance et énergie sont souvent utilisés de manière interchangeable dans les médias populaires, ce qui peut créer la confusion. Il ne s'agit pas de la même chose. Officiellement, la **puissance électrique** est le taux par unité de temps auquel l'énergie électrique est transférée par un circuit électrique. C'est là que beaucoup de personnes s'y perdent, car la puissance est égale à l'énergie divisée par le temps. C'est exactement analogue à la vitesse par rapport à la distance. Une personne peut avoir fait du vélo à une vitesse de 30 km/h (ce qui correspond à une puissance de 20 W). Cette personne a peut-être roulé pendant 3 heures et a donc parcouru 90 km au total puisque 30 km/h * 3 heures = 90 km au total. C'est comme si un appareil de 20 W fonctionnant pendant 3 heures utilisait 60 Wh d'énergie, puisque 20 W * 3 heures = 60 Wh. La puissance est donc un taux analogue à la vitesse, et l'énergie est une quantité analogue à la distance.

La **puissance électrique** est produite par les cellules solaires. Elle est mesurée en watts. Les cellules solaires sont vendues sur la base d'une puissance unitaire. Cela signifie que vous payez un prix donné par unité de puissance. Wc est la puissance en watts pour le **calcul des heures d'ensoleillement maximal dont nous avons déjà parlé.** La puissance n'a pas une durée de vie critique : un ventilateur portable de 65W va consommer 65W de puissance toute l'année (s'il est réglé en position haute). Les watts sont plutôt petits (suffisamment de puissance pour un téléphone mobile ou un jouet) ; par conséquent, les dispositifs plus importants comme une voiture ou une maison ont besoin de kilowatts (kW). Un kilowatt est égal à 1000W.

L'**énergie électrique** est une forme particulière de puissance qui provient du flux de charge électrique comme celui qui se produit lorsque la lumière du soleil frappe des panneaux solaires. La bonne vieille énergie est la capacité d'appliquer une force pour déplacer un objet. Dans le cas de l'énergie électrique, la force est appliquée pour déplacer des particules chargées (les électrons). On abrège parfois 'énergie électrique' en **électricité** pour désigner la présence et le flux d'une charge électrique. L'énergie électrique est généralement mesurée en kilowattheures (kWh). Aux États-Unis, un kilowatt-heure coûte environ 13 cents aujourd'hui.[114]

Il est important de noter que la puissance et l'énergie sont deux choses différentes. Votre ventilateur peut consommer 65W de puissance. Cela veut dire que pour chaque heure où il est allumé, il va consommer 65Wh (watt par heure) d'énergie électrique. C'est le total d'énergie requis, et non pas la puissance, qui va affecter le dimensionnement d'un champ de panneaux photovoltaïques ou d'un banc de batteries.

Pour mieux comprendre la différence entre puissance et énergie, on utilise souvent l'analogie des moulins à vent de style américain.

Figure 4.7
Analogie du moulin à vent américain pour le stockage d'énergie électrique.[115]

L'eau dans la tour du moulin illustré dans la figure 4.7 est de l'énergie stockée. Si l'on ouvre le robinet à la base, le flux d'eau qui sort du moulin est la puissance. L'énergie peut être stockée dans des batteries, exactement comme l'eau est stockée dans la tour. L'énergie peut aussi circuler. Lorsque l'énergie circule, elle peut effectuer un travail : faire tourner un moteur électrique, faire fonctionner un réfrigérateur ou brancher la lumière. La vitesse à laquelle l'énergie circule, qu'il s'agisse d'eau ou d'électricité, s'appelle

114 EIA. https ://www.eia.gov/electricity/monthly/epm_table_grapher.php ?t=epmt_5_6_a

115 https ://www.flickr.com/photos/0ccam/29763093938 Attribution-ShareAlike 2.0 Generic (CC BY-SA 2.0)

la puissance. La même quantité d'énergie peut être libérée à haute puissance (ce qui se produit rapidement, comme lorsque vous appuyez sur l'accélérateur d'un véhicule électrique, le « pied au plancher ») ou à faible puissance (ce qui prend plus de temps, comme lorsque vous apprenez à conduire).

Supposons que vous avez 1 kW de puissance d'un champ constitué de quatre panneaux solaires de 250W chacun. Ce champ de panneaux photovoltaïques a donc une puissance totale de 1000W (ou 1 kW). L'énergie que ce champ de panneaux photovoltaïques de 1 kW produit dépendra de l'endroit où vous l'installez. Le kWh/kW est la quantité d'énergie que vous pouvez attendre de ces panneaux dans un laps de temps donné. On peut donc parler de kWh/kW/an ou /mois ou /jour, etc. En Ontario, au Canada, sur une année, on peut espérer obtenir de 1.100 à 1.300 kWh/kW. Donc, si vous avez trouvé des modules PV moins chers et plus petits sur le marché et avez acheté cinq panneaux solaires de 200 W, vous auriez toujours une puissance de 1 kW. Si vous les installez à Toronto, ils vont générer entre 1.100 et 1.300 kWh par an.

4.4. Courbes I-V

Une des principales méthodes utilisées pour caractériser des cellules solaires est un **graphe I-V** où la densité du courant est représentée graphiquement en fonction de la tension, comme indiqué dans la figure 4.8.

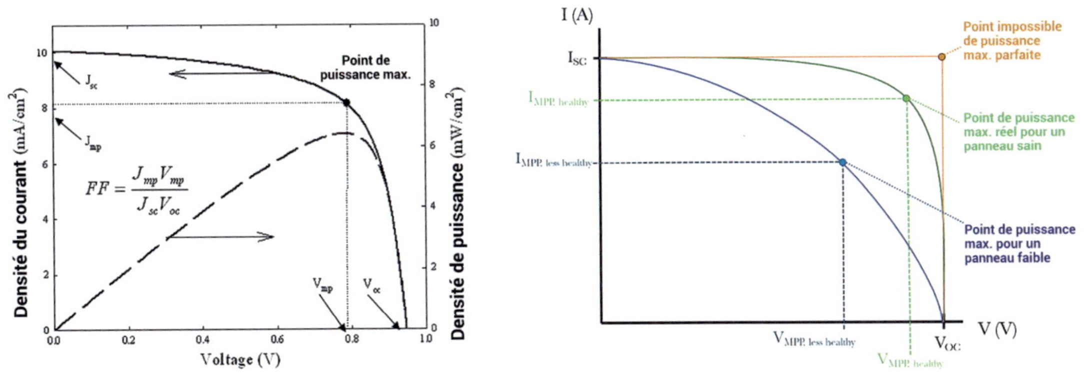

Figure 4.8

Exemples de graphe I-V et de graphe de densité de puissance d'une cellule solaire (à gauche) et un exemple de courbes I-V idéale, réelle et médiocre (à droite).

Lorsque la tension est zéro, on a un courant maximal (à l'extrême gauche de la figure 4.8), que l'on appelle le **courant de court-circuit (I_{sc})** et représenté dans la figure 4.8 par la **densité de courant de court-circuit (J_{sc}).** Si on augmente la tension, le courant diminue, comme on peut le voir en suivant la ligne continue à droite. Si on continue à augmenter la tension, le courant tombe à zéro et ceci s'appelle un circuit ouvert ; à ce stade, la tension à ce point est la **tension en circuit ouvert (V_{oc})**. Outre la ligne continue suivant les unités sur l'axe de gauche, il y a également une ligne pointillée dans la figure 4.8, qui indique la densité de puissance et est représentée sur l'axe de droite. La puissance peut s'écrire comme :

Puissance [W] = courant [A] x tension [V] [W] (éq. 5.1)

La densité de courant et la tension maximales sont à leur point de puissance maximale, car, après cela, la puissance diminue, le courant aussi, à mesure que l'on se déplace vers la droite du graphe. La puissance maximale pour le courant est étiquetée J_{mp} et la puissance maximale pour la tension est désignée par V_{mp}. Le facteur de remplissage (FF) d'une cellule solaire est défini comme suit :

$$FF = (J_{max})(V_{max}) / (J_{sc})(V_{oc}) \quad \text{(éq. 5.2)}$$

Imaginez que la courbe I-V est une colline. Une colline à pentes douces aura un FF bas, ce qui donne une puissance et un rendement faibles. Une falaise abrupte aura une puissance et un rendement plus élevés. Un facteur de remplissage de 100% formerait un angle droit dans la figure 4.8.

Les courbes I-V et puissance-tension sont également influencées par la quantité de lumière. À mesure que l'intensité de la lumière diminue, le potentiel de courant et de puissance d'une cellule solaire diminue également, comme illustré dans la figure 4.9.

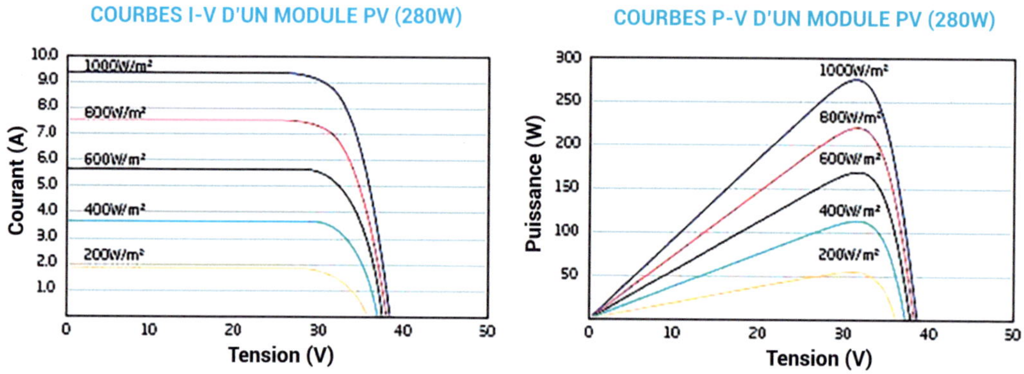

Figure 4.9

Courbes I-V et courbes PV en fonction de l'intensité lumineuse pour une cellule solaire standard au silicium.

4.5. Sécurité

La sécurité est toujours essentielle. Les organisations internationales, nationales et locales, peuvent prescrire leurs propres mesures de sécurité. Vous devez impérativement étiqueter correctement votre matériel et suivre les directives pertinentes. Voici un bon exemple : à l'heure où nous écrivons ces lignes, les développeurs américains doivent respecter les lois et codes énoncés à l'article 690 du Code national de l'électricité (NEC) intitulé Systèmes solaires photovoltaïques.[116] L'article 690 décrit en détail les lois et réglementations portant sur les systèmes et circuits solaires aux États-Unis. Malheureusement, le langage utilisé dans le code peut être très cryptique et parfois dense ; il est toujours utile de demander aide et conseil à quelqu'un qui a l'expérience d'une installation solaire dans votre région. Ceci dit, voici quelques consignes fondamentales de sécurité que vous devez connaître et appliquer, où que vous soyez.

Enfin, tout travail avec l'électricité est dangereux. Ce livre est destiné à vous aider à concevoir, dimensionner et construire des systèmes photovoltaïques de petite taille ; toutefois, il ne peut être considéré comme un guide de travaux électriques. Si vous venez de débuter, nous vous suggérons de commencer par un petit système de 12 V pour éviter plusieurs dangers. Cette section sur la sécurité est complétée par des notes de sécurité tout au long des sections, en particulier celles qui traitent des batteries, qui sont souvent les composants les plus dangereux.

4.5.1. Étiquetage

L'avantage de l'étiquetage est que toute personne qui s'approche du système aura une idée générale de ce qui se trouve en face d'elle, quelle que soit son expérience des systèmes solaires. Un système correctement étiqueté augmente fortement la sécurité du système et est également une bonne occasion d'apprendre pour toute personne intéressée.

4.5.2. Sécurité du câblage

Un câblage bien organisé assure la sécurité de la construction, du fonctionnement et de l'entretien. Voici quelques conseils pour assurer la sécurité de votre câblage.

- Choisissez des fils correctement isolés pour les conditions de tension et environnementales.
  - Par exemple, un câble exposé sur un toit doit avoir une isolation plus épaisse qu'un câble intérieur.

116 https ://www.fuelcellstore.com/blog-section/standards-and-requirements-for-solar-systems

- Utilisez des couleurs cohérentes pour tous vos fils et faites un schéma de ces couleurs.
  - Certaines couleurs sont régies par le code local.
  - Afficher une légende de votre schéma de couleurs est une excellente idée.
- Dimensionnez correctement vos fils.
  - S'ils sont sous-dimensionnés, ils vont chauffer et présenter un danger d'incendie. Lisez attentivement la section sur le dimensionnement des fils.

Voir la section 5.8 pour plus de détails.

4.5.3. Mise à la terre des équipements et du système

La mise à la terre de votre système n'est généralement pas nécessaire pour les systèmes solaires de petite taille (en particulier ceux de moins de 50V), mais si possible, il est toujours préférable de le faire. Voir la section 5.9 pour plus de détails.

4.5.4. Dégagement de sécurité et vigilance personnelle

Lorsque vous installez votre système solaire, vous pourriez vous trouver dans des situations dangereuses. Voici quelques conseils généraux pour accroître votre sécurité et votre vigilance.

- Si vous installez des panneaux sur votre toiture, équipez-vous d'équipements de protection contre les chutes.
- Tout dispositif sous tension (c'est-à-dire traversé par de l'électricité) qui nécessite un entretien (contrôleur de charge, onduleur, etc.) doit être entouré d'un espace approprié en cas de choc électrique (l'article 690 du NEC précise un espace d'environ un mètre devant le dispositif et de 60cm de largeur).
- Allumez les interrupteurs des panneaux avant de travailler sur le système.
- Retirez tous vêtements métalliques, bijoux, accessoires, etc. avant de travailler sur le système.
- Tout matériau inflammable doit être éloigné au maximum du système.

* Votre chantier doit être bien organisé. Idéalement, tous les composants doivent être clairement dans votre champ de vision et faciles d'accès (en particulier les composants qui peuvent nécessiter un entretien).
* Après l'installation, faites fréquemment une inspection visuelle de vos systèmes pour détecter tout signe d'usure.
* Utilisez des outils isolés autant que possible.

5. Composants

Les systèmes photovoltaïques s'adaptent à de nombreux usages et environnements. Cette adaptabilité en fait une excellente technologie pour les innombrables situations qu'un concepteur peut rencontrer. Elle crée en outre un défi intéressant pour la généralisation d'un système d'apprentissage. Pour les besoins de ce livre, notre système de base sera de petite taille (100 à 500 W) avec un contrôleur de charge, une batterie, des charges DC et AC, comme illustré dans la figure 5.1. Pour un système plus simple et plus petit, nous éliminerons certains composants (pas de batterie, par exemple) et pour un système plus complexe, nous en rajouterons (un parafoudre, par exemple).

Système PV basique avec contrôleur de charge, batterie, charges DC et charges AC

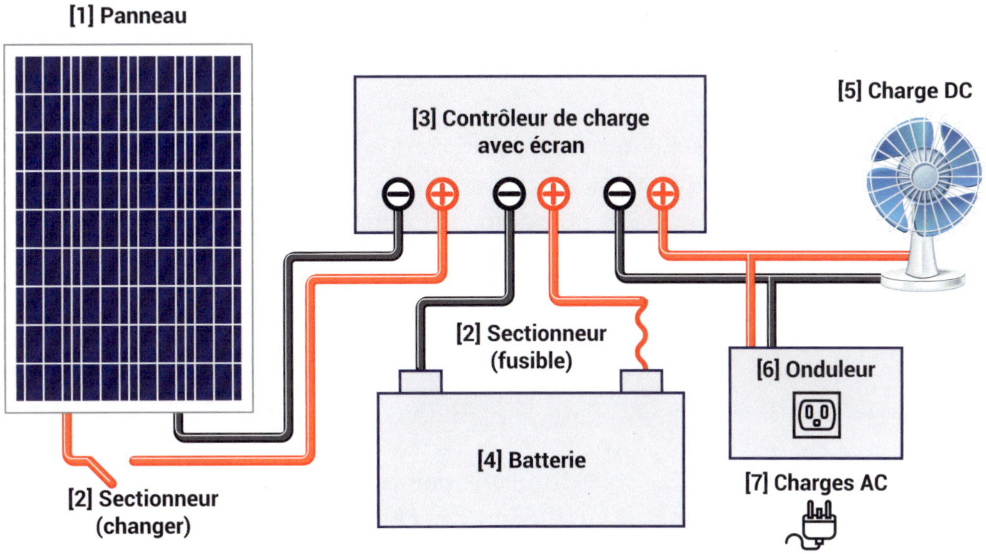

Figure 5.1

Système PV basique avec un [1] panneau photovoltaïque [2] Sectionneur (interrupteur) [3] contrôleur de charge [2] Sectionneur (fusible ou disjoncteur) [4] batterie [5] charges ou bancs DC ou bancs de disjoncteurs et fiches DC [6] Onduleur et [7] charges AC ou sous-tableau électrique AC. Les fils et fiches sont marqués par des lignes rouges et noires Les autres dispositifs de sécurité et le racking ne sont pas représentés. Veuillez noter également que de nombreuses charges AC et DC consomment trop de courant pour être connectées directement au contrôleur de charge comme illustré.

Chacun de ces composants est décrit plus en détail dans les sous-sections suivantes.

[1] Panneaux – un ensemble de cellules photovoltaïques laminées entre une face supérieure transparente et une face inférieure constituée d'un encapsulant englobant. Les cellules photovoltaïques sont des matériaux semiconducteurs minces qui produisent de l'électricité lorsqu'ils sont exposés à la lumière solaire tel qu'illustré. Voir figure 5.1.

[2] Sectionneurs – coupent le circuit (c'est-à-dire qu'ils arrêtent le passage du courant dans le circuit). Les interrupteurs permettent de couper le circuit manuellement, alors que les fusibles et les disjoncteurs le font automatiquement en cas de courant trop fort. Voir la figure 5.2 et la section 5.2

[3] Contrôleurs de charge – régulent la tension des batteries et contrôlent le taux de charge, ou l'état de charge, des batteries et/ou des charges. Souvent, un contrôleur de charge est doté d'un compteur intégré qui indique les mesures vitales du système. Voir la figure 5.1 et la section 5.3.

[4] Batteries – stockent l'énergie générée par le panneau. Voir la figure 5.1 et la section 5.4.

[5] Charges DC – tout dispositif, composant ou appareil DC qui consomme le courant du système. Les charges DC habituelles sont tout ce qui se branche sur la prise allume-cigare d'un véhicule et de nombreux appareils alimentés par des piles. La plupart des charges peuvent être allumées et éteintes. Voir la section 5.5.

[6] Onduleurs – convertissent le courant continu (DC) généré par les panneaux et/ou stocké dans les batteries, en courant alternatif (AC) utilisé par de nombreux appareils ménagers. Voir la figure 5.1 et la section 5.6.

[7] Charges AC – tout dispositif, composant ou appareil qui consomme du courant du système par le biais de l'onduleur. Les charges AC habituelles sont tout ce qui se branche sur une prise murale. La plupart des charges peuvent être allumées et éteintes. Voir la figure 5.1 et la section 5.7.

[8] Fils et fiches – transportent le courant électrique vers les différents composants. Voir la figure 5.1 et la section 5.8.

[9] Dispositifs de sécurité supplémentaires – préviennent les risques de choc électrique, incendie et autres risques. Ces appareils comprennent des masses, parafoudres, disjoncteurs DC et AC et sous-tableaux électriques. Voir la figure 5.36 et la section 5.9.

[10] Racking – les accessoires mécaniques qui sont les supports physiques des panneaux. Voir la figure 5.24 et la section 5.10.

5.1. Panneaux

Quel que soit leur type, un **réseau de panneaux solaires** est fait de **panneaux solaires** (ou de **modules solaires** à ne pas confondre avec les panneaux solaires thermiques), et ceux-ci sont faits de **cellules solaires**.

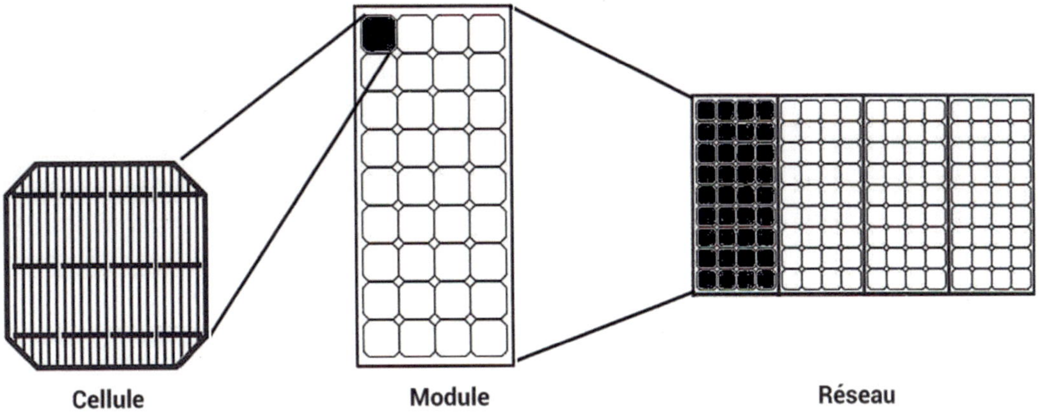

Figure 5.2
La relation entre une cellule PV, un module et un réseau.

La figure 5.2 présente les schémas de la cellule, du module et du réseau. La cellule est une cellule individuelle et l'exemple présenté ici est le silicium cristallin. Lorsque l'on combine des cellules individuelles, on obtient un panneau (également appelé module). C'est en fait l'appareil électronique que vous pouvez acheter dans le commerce, chez un fournisseur ou sur Internet. Les modules sont câblés les uns aux autres pour constituer un réseau. La cellule PV est l'unité de base d'un système photovoltaïque. Une cellule PV individuelle produit généralement 1 à 2W, ce qui est à peine suffisant pour la grande majorité des applications. Vous pouvez cependant augmenter la puissance en connectant des cellules les unes aux autres pour former des unités plus importantes que l'on appelle module. Les modules suffisent généralement pour alimenter seuls de petites applications. Si cela ne suffit pas pour vous, les modules peuvent alors être connectés entre eux pour former des unités encore plus grandes appelées réseaux. Ainsi, vous pouvez construire un système PV pour presque tous les besoins en électricité, qu'ils soient petits ou grands.

Les types de cellules solaires les plus courants sont tous les deux à base de silicium. Les cellules solaires en silicium cristallin sont circulaires (bien qu'elles soient souvent découpées en cercles tronqués ou même en carrés ou en rectangles), ce qui permet de les espacer plus étroitement lorsqu'elles sont rangées dans le module. Les cellules solaires en silicium multicristallin ou polycristallin sont carrées et, en général, les cristaux multiples sont visibles à l'œil nu à la surface. Les cellules solaires à film mince sont des feuilles extrêmement fines de semiconducteurs et elles sont normalement intégrées dans le module d'une manière qui, du dessus, ressemble à de longues et fines bandes de matériau. Les **cellules solaires** génèrent de la tension et du courant lorsqu'elles sont exposées à la lumière solaire. Un **panneau ou module solaire** est un ensemble de cellules PV laminées entre un superstrat transparent (généralement du verre à faible teneur en fer) et un substrat d'encapsulation. La plupart des panneaux solaires ont une face avant en verre et une face arrière en plastique. Les cellules à film mince sont prises en sandwich soit entre deux couches de verre, soit entre une fine feuille de métal et du plastique. Les cellules solaires peuvent être fabriquées dans plusieurs matériaux différents, comme illustré à la figure 3.15.

En consultant la fiche technique du fabricant, vous pouvez apprendre presque tout ce que vous devez savoir sur un module solaire. Actuellement, c'est Trina Solar qui fabrique la plus grande quantité de modules solaires au monde ; c'est pourquoi nous l'utilisons ici comme exemple. Les mêmes informations se trouvent sur la fiche technique de tout module PV commercial. Les modules standard sont généralement des modules de 60 cellules PV ou de taille plus grande à 72 cellules.[117] Ces deux types sont disponibles en silicium monocristallin et polycristallin. La fiche technique de la version à 60 cellules dont la puissance est de 265-285 W comme illustré à la figure 5.3 et à la figure 5.4.

Comme on peut le voir à la figure 5.3, les données d'électricité pour une gamme de qualités de panneaux (265 W à 285 W par paliers de 5 W) sont présentées pour des conditions standard d'essai (STC) (1000 W/m^2, 25 °C et 1,5 AM, comme décrit dans la section 4.4 sur le rendement. La valeur la plus importante est le Wc maximal ; c'est la valeur que vous utiliserez pour calculer les performances de votre système. Les données électriques sont également présentées pour chaque module Wc dans des conditions normales de fonctionnement (NOCT) de 800 W/m^2, température ambiante de 20°C, et vitesse du vent de 1m/s. Même si la température ambiante est inférieure à la température aux STC, la puissance générée par une cellule est fortement réduite en raison du flux solaire plus faible. Il faut également faire attention à l'utilisation des valeurs NOCT pour votre système, car vous pourriez avoir des températures de fonctionnement plus élevées. Il faut savoir qu'aux conditions STC les cellules sont activement refroidies et que les modules PV à base de silicium cristallin sont très dépendants de la température, comme nous l'avons indiqué précédemment et comme le montre la température ratings à la figure 5.4. Notez que la fiche technique indique également les températures de fonctionnement dans lesquelles le module peut fonctionner, le calibre du fusible et la tension maximale du système. Toutes ces informations peuvent être utilisées pour assurer l'équilibre électrique du système (BOS). Par ailleurs, comme indiqué dans la figure 5.4, les données mécaniques fournies permettent de planifier le racking et indiquent le type de connecteurs utilisés pour les branchements électriques. Tout comme la majorité des modules du marché, ceux-ci ont une garantie de puissance de 25 ans.

117 https ://www.trinasolar.com/fr

Données électriques (STC)					
Puissance de crête Watts - P_{MAX} (Wc)*	265	270	275	280	285
Tolérance de puissance de sortie - P_{MAX} (W)			0 ~ +5		
Tension au point de puissance maximale - V_{MPP} (V)	30,8	30,9	31,1	31,4	31,6
Courant au point de puissance maximale - I_{MPP} (A)	8,61	8,73	8,84	8,92	9,02
Tension en circuit ouvert - V_{OC} (V)	37,7	37,9	38,1	38,2	38,3
Courant de court-circuit - I_{SC} (A)	9,15	9,22	9,32	9,40	9,49
Rendement du module ηm (%)	16,2	16,5	16,8	17,1	17,4

STC : Irradiance 1000W/m². Température de la cellule 25 °C, masse de l'air 15AM.

* Tolérance de mesure ±3%

Données électriques (NOCT)					
Puissance maximale - P_{MAX} (Wp)	197	200	204	208	211
Tension au point de puissance maximale - V_{MPP} (V)	28,5	28,6	28,8	29,0	29,2
Courant au point de puissance maximale - I_{MPP} (A)	6,90	7,00	7,09	7,15	7,23
Tension en circuit ouvert - V_{OC} (V)	34,9	35,1	35,3	35,4	35,5
Courant de court-circuit - I_{SC} (A)	7,39	7,44	7,52	7,59	7,66

NOCT : Irradiance à 800 W/m². Température ambiante 20 °C. Vitesse du vent 1m/s

Figure 5.3

Données électriques habituelles d'un module PV nominal de 24V trouvées dans une fiche technique.

DONNÉES MÉCANIQUES	
Cellules solaires	Multicristallines 156,75 x 156,75 mm (6 pouces)
Orientation des cellules	60 cellules (6 x 10)
Dimension des modules	1650 x 992 x 35 mm (65,0 x 39,1 x 1,38 pouce)
Poids	18,6 kg (41,0 lb)
Verre	3,2 mm (0,13 pouce). Haute transmission. Verre trempé revêtement antireflet
Feuille arrière	Blanche (PD05, PD05.08) | Noire (PD05.05)
Cadre	Alliage d'aluminium anodisé noir (PD05.08, PD05.05)
J-Box	Classe IP67 ou IP68
Fils	Câble photovoltaïque 4,0 mm² (0,006 pouce²) | 1000 mm (39,4 pouces)
Connecteur	MC4
Type de feu	Type 1 ou Type 2

COTE de TEMPÉRATURE	
NOCT (température nominale de fonctionnement de la cellule)	44°C (±2°C)
Coefficient de température de P_{MAX}	-0,41%/°C
Coefficient de température de V_{OC}	-0,32%/°C
Coefficient de température de I_{SC}	0,05%/°C

COTE MAXIMALE	
Température de fonctionnement	-40 ~ +85 °C
Tension maximale du système (IEC)	1000 V DC
Tension maximale du système (UL)	1000 V DC
Calibre de fusible maximal de la série (NE PAS connecter le fusible dans la boîte de combinaison à deux chaînes ou plus en connexion parallèle)	15 A

GARANTIE
10 ans de garantie produit
25 ans de garantie puissance linéaire

Figure 5.4

Informations habituelles relatives à la mécanique, la température, les valeurs nominales, la garantie et l'emballage figurant sur la fiche technique d'un module.

Les modules ou réseaux ne constituent pas à eux seuls un système PV ; les structures qui soutiennent les modules et les composants électriques complètent le système et sont appelées l'équilibre du système (balance-of-system ou BOS). Le BOS comprend les accessoires électriques et les structures physiques requis pour que le système PV fonctionne bien. Dans certains réseaux, les modules sont placés directement sur le toit : nous allons voir quelques exemples de ceci dans un moment. Cette méthode permet de faire des économies importantes, car elle évite les infrastructures telles que les poteaux en béton et en métal utilisés pour soutenir la structure des modules qui fait partie du racking. Dans certains systèmes de petite taille ou portables, le racking n'est pas nécessaire du tout. Il faut également prévoir des équipements de conditionnement d'énergie qui convertissent l'électricité dans la forme et avec l'intensité requises pour une charge de courant alternatif (AC). L'électricité produite à partir de cellules solaires est en courant continu (DC) (et peut être utilisée pour une application sous cette forme), mais elle peut ensuite passer par un onduleur pour être transformée en courant alternatif (AC). Lorsque vous n'êtes pas branché au réseau public, pour beaucoup d'applications PV, vous devez stocker l'électricité d'une façon ou d'une autre, par exemple dans des batteries, pour les jours nuageux ou la nuit. Même si l'installation est connectée au réseau public, les utilisateurs souhaitent parfois disposer d'une batterie de secours pour des raisons de sécurité énergétique.

5.2. Sectionneurs

Le terme général 'sectionneur' désigne une large variété de dispositifs qui coupent la connexion d'un circuit. Il est utile de pouvoir couper la connexion d'un circuit, que ce soit manuellement ou automatiquement, pour allumer ou éteindre un système, effectuer des travaux d'entretien et de réparation d'un système, et par sécurité générale pour éviter les chocs électriques. Un interrupteur est probablement la méthode la plus connue pour couper manuellement la connexion d'un circuit. Un fusible est probablement la méthode la plus connue pour couper automatiquement la connexion d'un circuit. Il existe de nombreux types de sectionneurs, en courant continu ou alternatif et pour différents courants et tensions.

Pour fonctionner correctement et en toute sécurité, la plupart des systèmes photovoltaïques doivent être équipés de plusieurs sectionneurs différents. Les types de sectionneurs les plus pertinents pour les systèmes photovoltaïques sont les suivants :

- **Commutateurs** – coupent manuellement un circuit. Voir la figure 5.5.
- **Sectionneurs DC** – interrupteurs généralement conçus pour des applications spéciales et des conditions de haute tension ou de courant fort comme indiqué à la figure 5.6.
- **Fusibles** – préviennent les dommages aux composants et les incendies en coupant automatiquement un circuit en cas de court-circuit ou de surtension. Lors d'un incident, un filament se coupe dans le fusible et doit donc être remplacé à chaque fois. Il existe des types de fusibles (et de boîtiers de fusibles) pour diverses conditions comme indiqué à la figure 5.7.
- **Interrupteurs à fusibles** – combinaison d'un interrupteur avec un fusible. Ils sont généralement utiles dans les situations de courant élevé, mais ils ne sont pas aussi pratiques qu'un disjoncteur.
- **Disjoncteurs** – coupent automatiquement un circuit lorsque le courant dépasse un ampérage déterminé, et peuvent être réarmés après la coupure. Ils sont très fréquents dans les tableaux électriques domestiques, comme indiqué à la figure 5.8.
- **Disjoncteur différentiel de fuite à la terre (DDFT)** – coupe automatiquement un circuit lorsqu'il détecte une différence entre le courant entrant et le courant sortant. Il commute très vite et est spécifiquement conçu pour protéger des chocs électriques. C'est pourquoi des disjoncteurs sont couramment installés lorsqu'il y a une prise à proximité d'une source d'eau. Contrairement aux autres sectionneurs (qui n'utilisent pas d'électricité), les DDFT consomment généralement 1 à 7 watts (ce qui peut représenter une charge importante pour un petit système).

Il faut veiller à sélectionner les sectionneurs appropriés qui sont disponibles, abordables et qui répondent aux besoins du système et de la sécurité. Un fusible ou un disjoncteur doit toujours être installé aussi près que possible de la borne positive de la batterie, car celle-ci présente le plus haut risque de court-circuit. Un interrupteur ou un disjoncteur est très utile près des tableaux, car il vous permet de mettre le système hors tension pour l'entretien ou pour toute autre raison. Pour un système de très petite taille (p. ex. 50W @ 12V), il peut être inutile, car vous pouvez facilement bloquer toute la lumière sur les panneaux. Pour un système plus important (p. ex. 1kW @48V), un sectionneur DC et un disjoncteur peuvent être nécessaires pour des raisons de sécurité.

Figure 5.5

Interrupteur DC (à gauche) et interrupteurs AC domestiques (à droite) où A est un interrupteur bascule 120 VAC courant en Amérique du Nord, B est un interrupteur bascule 4 gangs 240 VAC courant dans certains pays d'Afrique et d'Asie, C'est un interrupteur qui bascule 230 VAC courant en Europe, et D est un va-et-vient 120 VAC courant en Amérique du Nord. Notez que de nombreux pays ont des variations uniques. appropedia.org/Six_Rivers_Charter_School_solar_cellphone_charger, appropedia.org/Light_switch_by_country

Figure 5.6

Sectionneur 30 A pour 600 VAC ou 250 VDC (à gauche) et 60 A pour commutateur à couteau bipolaire 600 VAC (à droite). appropedia.org/CCAT_PV_system/OM appropedia.org/Ghetto2Garden_renewable_energy_2014

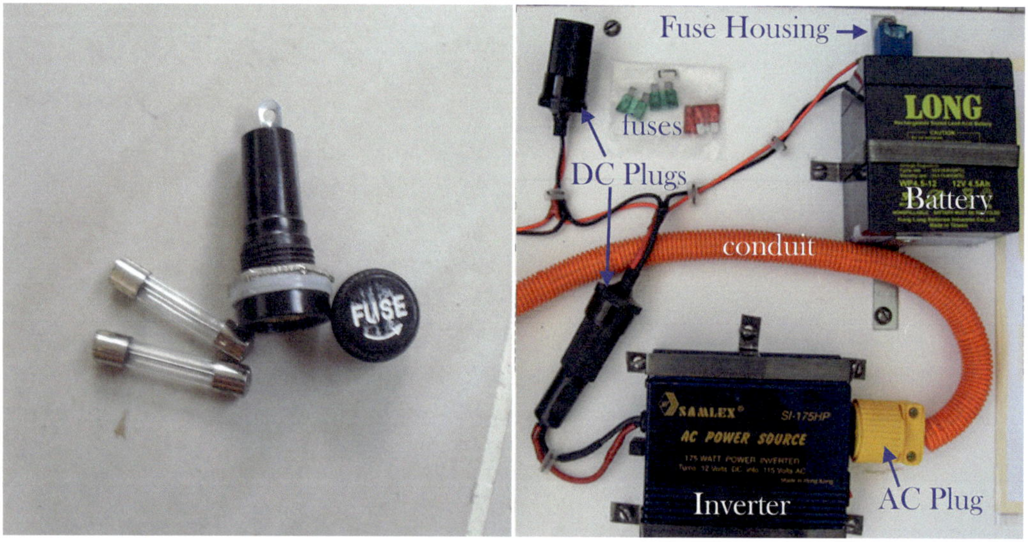

Figure 5.7

Fusibles en verre (à gauche) et fusibles à lame à l'intérieur et à l'extérieur d'un boîtier de fusible (à droite). appropedia.org/Ghetto2Garden_solar_power appropedia.org/UTC_photovoltaic_learning_station

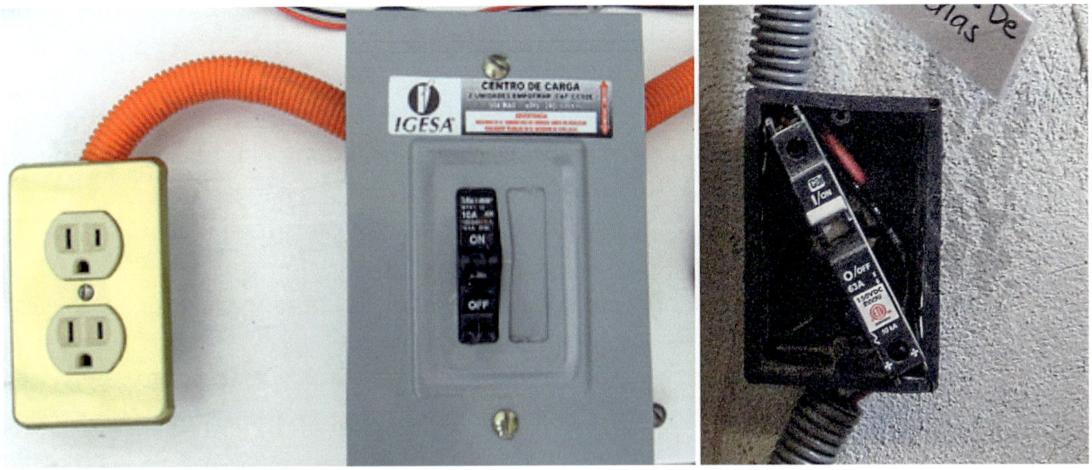

Figure 5.8

Disjoncteur 120 VAC - 10 A dans un tableau de disjoncteurs avec conduit et fiches 120 VAC (à gauche) et un disjoncteur 150 VDC - 63 A dans un boîtier bricolé à partir d'un boîtier de jonction (à droite). appropedia.org/UTC_photovoltaic_learning_station appropedia.org/Practivistas_solar_2015

5.3. Contrôleurs de charge

Un contrôleur de charge[118] régule la tension et le courant de la batterie pour contrôler le taux de charge ou l'état de charge des batteries et/ou des charges. Comme décused in Section 5.1 sur les panneaux, les panneaux solaires produisent une tension variable. En plein soleil, la tension d'un panneau solaire peut être beaucoup plus élevée que la tension nominale du système. Il est nécessaire d'avoir un contrôleur de charge, car de nombreux appareils électroniques sont sensibles aux fluctuations de tension et pourraient être détruits par une surtension. Les batteries peuvent également être rapidement détruites par une surtension. En outre, certains contrôleurs de charge utilisent des algorithmes

118 Pour en savoir plus :https ://www.appropedia.org/Photovoltaic_charge_controllers

de charge qui peuvent prolonger la vie d'une batterie (la charge en 3 étapes ou 'charge intelligente' pour les batteries au plomb).

Les contrôleurs de charge sont disponibles en différents courants, tensions et configurations, notamment : pas de régulateur, régulateur de tension, régulateur de charge de base avec déconnexion basse tension (LVD), modulation par largeur d'impulsion (PWM) et régulateur du point de puissance maximale (MPPT).

Petite remarque sur les contrôleurs de charge : la plupart des contrôleurs de charge ont un ordre de connexion et de déconnexion qui doit être respecté. Cet ordre de connexion est souvent la batterie en premier, puis les panneaux, et les charges en dernier. L'ordre de déconnexion est habituellement l'inverse : charges, panneaux, et batterie.

5.3.1. Pas de contrôleur

Dans certains cas, un contrôleur de charge n'est pas nécessaire. Les deux principaux cas sont lorsque (a) une charge DC n'est pas sensible à la variation de tension des panneaux solaires et (b) des panneaux à courant extrêmement faibles sont connectés à une grosse batterie. Le premier cas concerne par exemple un ventilateur ou une pompe solaire. Dans le deuxième cas, on parle d'un chargeur de compensation.

5.3.2. Régulateur de tension

Un régulateur de tension (Figure 5.9) est un simple contrôleur de charge qui plafonne la tension à un niveau maximal. Un régulateur de tension est généralement associé de préférence à un système photovoltaïque qui ne contient pas de batterie, puisque les contrôleurs de charge plus complexes nécessitent une batterie. Les régulateurs de tension sont généralement moins chers que les contrôleurs de charge plus complexes. Souvent, la puissance de toute tension supérieure au seuil est perdue sous forme de chaleur résiduelle. Il peut donc y avoir une importante perte de puissance si la tension d'entrée est beaucoup plus élevée que la tension de sortie. Un régulateur peut être un simple shunt ou un relais qui redirige l'énergie vers un gros rhéostat.

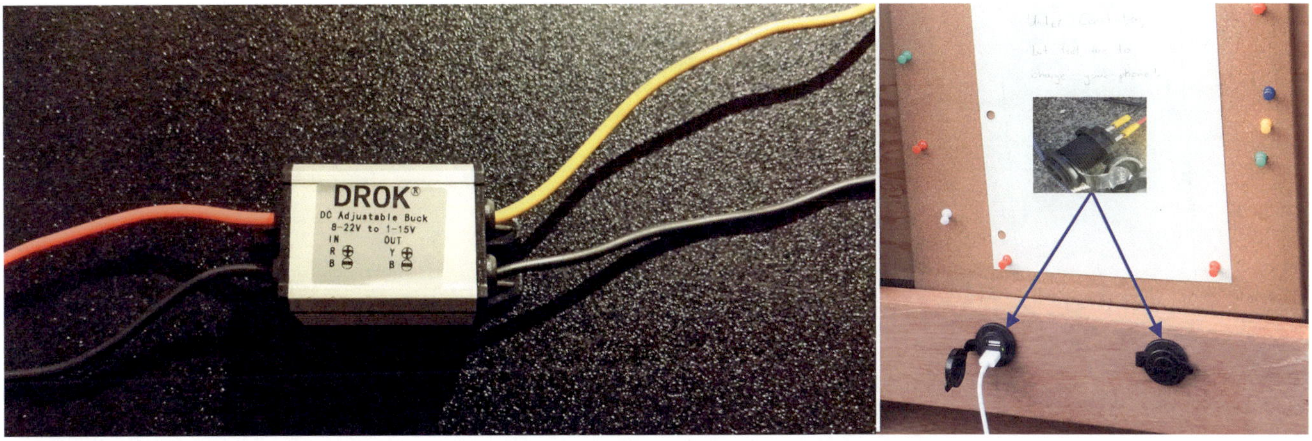

Figure 5.9

Régulateur de tension ajustable (à gauche) qui accepte des courants entrants de 8-22 V et sortants de 1-15 V. chargeur USB (à droite) qui accepte des courants entrants de 9-32 V et sortants de 5 V. appropedia.org/Zane_Middle_School_solar_station and appropedia.org/Six_Rivers_Charter_School_solar_cellphone_charger

5.3.3. Contrôleur de charge basique avec sectionneur basse tension (LVD).

Un contrôleur de charge basique (Figure 5.10) peut combiner une régulation de tension avec un sectionneur basse tension (LVD). Le LVD déconnecte les charges lorsque la tension de la batterie est basse, ce qui peut endommager la batterie. Ces dispositifs ont souvent un écran intégré qui indique les mesures vitales du système. Tous les systèmes de contrôle de charge nécessitent généralement une batterie.

Le courant maximal est souvent limité par un sectionneur de basse tension. C'est pourquoi les appareils de puissance supérieure doivent toujours être connectés directement à la batterie plutôt que d'être contrôlés via le LVD.

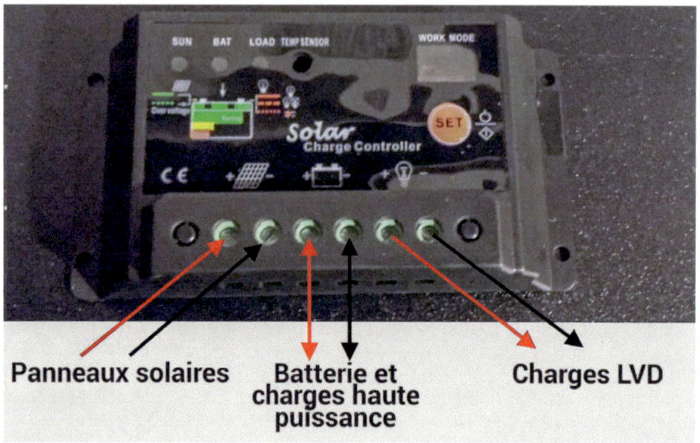

Figure 5.10
Régulateur de charge de base avec un LVD. Des LED simples indiquent l'état du système. appropedia.org/Zane_Middle_School_solar_station

5.3.4. Régulateur de modulation par largeur d'impulsion (PWM)

Un régulateur PWM (Figure 5.11) connecte et déconnecte rapidement les panneaux aux batteries ; il charge les batteries plus efficacement qu'un régulateur de tension. Bien que les régulateurs PWM soient plus chers que les contrôleurs de charge basiques, ils perdent moins de puissance que ces derniers ou qu'un régulateur de tension. Dans presque tous les cas, ils comprennent également des LVD et des écrans intégrés.

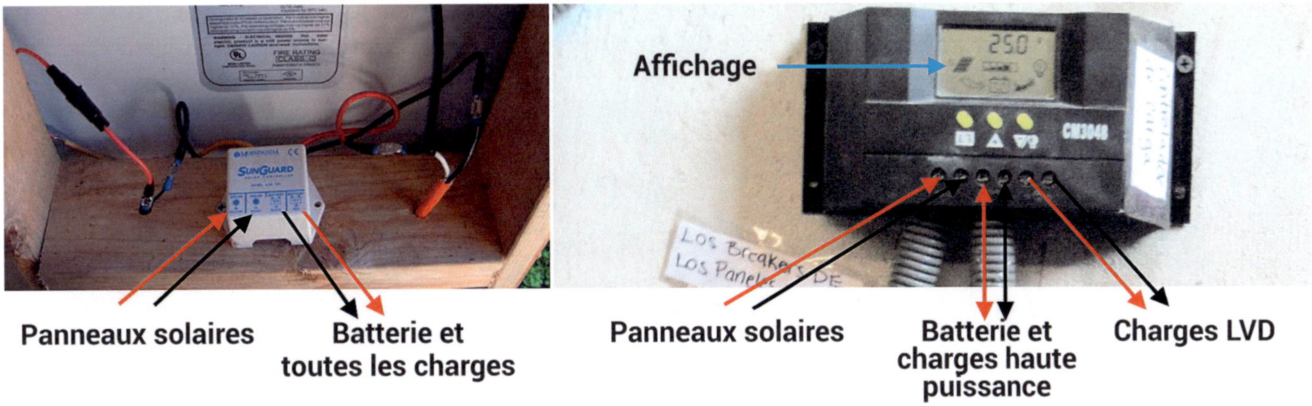

Figure 5.11

Un contrôleur PWM très simple (à gauche), sans LVD ni affichage, prend jusqu'à 30 V et 4,5 A en entrée des panneaux et délivre une tension de 14,1 V avec une protection intégrée contre la foudre. Un contrôleur PWM plus avancé (à droite), avec LVD et affichage, prend jusqu'à 100 V et 30 A en entrée des panneaux et délivre une charge pour un système de batterie de 48 V avec une charge flottante réglable de 55,2 V. appropedia.org/Solar_Charged_Lawnmower et appropedia.org/Practivistas_solar_2015.

5.3.5. Régulateur du point de puissance maximale (MPPT)

Un régulateur MPPT (Figure 5.12) utilise des convertisseurs internes pour charger les batteries à la tension requise tout en recevant la puissance des panneaux solaires les plus proches de leur point de puissance maximale comme indiqué à la figure 4.8. Bien que les régulateurs MPPT soient plus chers que les régulateurs de charge PWM, ils sont encore plus efficaces qu'un régulateur PWM. Dans presque tous les cas, ils comprennent également un écran intégré.

Un grand avantage du régulateur MPPT est qu'il permet une tension de panneau sensiblement plus élevée que la tension de la batterie. Ceci peut être nécessaire en fonction de la disponibilité des panneaux et peut également être avantageux, car une tension de panneaux plus élevée vous permet d'utiliser des fils de moindre diamètre (donc moins chers) à partir des panneaux.

Un autre avantage est que les régulateurs de charge MPPT ne doivent pas être surdimensionnés et ils peuvent même être sous-dimensionnés si la situation l'exige. Par exemple, un MPPT de 70A peut être connecté à un réseau de panneaux solaires de 72A.

Les 2A supplémentaires seront perdus, réduisant la puissance du système, mais il n'y aura pas de coupure comme pour les autres contrôleurs de charge.

Figure 5.12

Le contrôleur MPPT (rectangle noir vertical en haut au centre) reçoit jusqu'à 150 V et 80 A des panneaux et délivre une charge pour des systèmes de batteries de 12, 24, 36, 48 ou 60 V. appropedia.org/CCAT_MEOW

5.3.6. Comparaison de contrôleurs de charge

Il existe des contrôleurs de charge pour tous systèmes à tension spécifique, limités par un courant maximal, et ayant des fonctionnalités spécifiques telles que des modes avancés de charge de batterie. Comme d'habitude, le choix d'un contrôleur de charge doit être régi par les besoins et par le budget. Pour les panneaux de haute tension comme ceux qui assurent l'interconnexion avec le réseau public, un MPPT est habituellement obligatoire. Le tableau 5.1 montre les différents aspects à envisager et à comparer lors de la sélection d'un contrôleur de charge.

Tableau 5.1
Comparaison des contrôleurs de charge

Type de contrôleur de charge	Coût	Rendement	Facilité d'usage et de réparation	Facilité d'adaptation au système
Pas de contrôleur	Le plus bas	Élevé	Le plus élevé	Bas
Régulateur de tension	Bas	Bas	Élevé	Moyen
Contrôleur de charge basique avec (LVD)	Moyen	Moyen à bas	Bas	Moyen
Régulateur PWM	Moyen à élevé	Élevé	Bas	Moyen
Régulateur MPPT	Le plus élevé	Le plus élevé	Bas	Élevé

5.3.7. Écrans

Beaucoup de contrôleurs de charge sont équipés d'un écran (Figure 5.11 droite). Les écrans affichent généralement la tension, le courant, la puissance ainsi qu'un suivi de l'énergie.[119] De plus, un écran peut être ajouté comme composant (Figure 5.13.) Les écrans vous aident à suivre et maintenir la bonne santé du système et à surveiller son rendement.

119 Veuillez noter que la plupart des écrans n'affichent qu'une approximation de l'énergie et peuvent perdre leur efficacité lorsque la batterie vieillit.

Figure 5.13
Petit affichage en courant continu de la tension, du courant, de la puissance et de l'énergie en fonction du temps installé à l'école secondaire Six Rivers Charter. appropedia.org/Six_Rivers_Charter_School_solar_cellphone_charger

5.4. Batteries

Les batteries stockent l'énergie générée par les panneaux pour utilisation ultérieure. Ceci peut être particulièrement important dans un système photovoltaïque, car les charges ont souvent besoin d'énergie lorsque le soleil est couché ou les jours nuageux, et certains appareils ont besoin de plus de puissance que celle générée par les panneaux. Une batterie vous permet de stocker l'énergie pour l'utiliser lorsque le soleil est couché ou même de dissocier la production de l'utilisation. Par exemple, un panneau qui produit 100W pendant 5 heures génère 500Wh. Une batterie peut alors alimenter facilement un appareil de 200W pendant deux heures. Autrement dit, un petit panneau qui génère pendant plus longtemps peut alimenter un appareil plus important pendant une période plus courte.

Actuellement, le stockage est le principal obstacle technique à la pénétration des énergies renouvelables sur le marché. La technologie des batteries continue à progresser, mais est fortement en retard par rapport aux progrès de la technologie photovoltaïque. Comme pour tous les aspects de la conception d'un système photovoltaïque, il existe de nombreuses options de batteries répondant à des besoins spécifiques. Il faut sélectionner le type de batterie qui correspond aux besoins en énergie de l'utilisateur, à la tension du système, à sa durée de vie, au budget, et à d'autres facteurs.

Voici certains termes clés relatifs aux batteries d'un système photovoltaïque :[120]

- **Capacité** – mesure de l'énergie totale pouvant être stockée dans la batterie. Ceci est indiqué en amp-heures (Ah) ou watts-heures (Wh).[121]Les batteries peuvent être combinées en séries (pour augmenter la tension) et/ou en parallèle (pour augmenter le courant) pour augmenter le stockage total d'énergie du système.
- **Taux C** – taux de libération du courant pouvant être fourni par la batterie. Par exemple, une batterie de 10 Ah avec un taux C de : 1C peut facilement libérer de l'électricité à 10A pour 1 heure ; 6C peut libérer à 60A pour 10 minutes ; 0,5C peut libérer à seulement 5A pour 2 heures.[122]Les batteries peuvent être arrangées en parallèle pour donner plus de courant.
- **Tension nominale** – tension annoncée de la batterie utilisée pour s'accorder à un système.[123] Pour les systèmes photovoltaïques, ces valeurs sont généralement 6V, 12V, 24V ou 48V, mais d'autres configurations sont possibles. Les batteries peuvent être arrangées en séries pour augmenter la tension du système.
- **Tension de charge** – tension des batteries lorsqu'elles sont à pleine capacité c'est-à-dire à la fin d'une charge complète.
- **Tension flottante** – tension devant être maintenue par les batteries après une charge complète.
- **État de charge (SoC)** – niveau de remplissage des batteries en termes de pourcentage de la capacité totale.
- **Profondeur de décharge (DoD)** – pourcentage de la capacité totale qu'une batterie peut décharger en toute sécurité.

120 Pour voir d'autres termes, veuillez visiter le site https ://www.appropedia.org/Photovoltaic_dictionary.

121 Souvenez-vous que Amps * Volts = Watts, donc, Amp-heures * Volts = Watts-heures.

122 Plus une batterie se décharge rapidement, plus sa capacité disponible totale est faible. Vous verrez donc des batteries ayant des taux C différents et des capacités totales différentes. https ://www.appropedia.org/What_is_a_c-rate_for_batteries

123 Ces tensions sont des moyennes et une batterie complètement chargée aura une tension plus élevée (p. ex. une batterie au plomb de 12V peut être entièrement chargée à 14,2V).

- **Durée de vie** – nombre de fois qu'une batterie atteint sa DoD avant de mourir.
- **Rendement** – comme pour tout transfert d'énergie, les batteries subissent une perte de rendement du stockage et de la libération de l'énergie qu'elles contiennent. Le rendement varie d'un type de batterie à l'autre et selon l'état de charge.

Il existe plusieurs types de batteries selon leurs composés chimiques, tensions, capacités, DoD, taux C et durée de vie. À mesure que la technologie continue d'évoluer, les technologies les plus pertinentes pour les systèmes photovoltaïques de petite taille sont soit sans batterie, soit avec une batterie au plomb ou une batterie lithium-ion. Des études passionnantes sont en cours sur le stockage, les supercondensateurs, les batteries à l'eau salée, les batteries sodium-ion, les batteries lithium-soufre, le stockage par blocs (mécanique), le stockage hydroélectrique par pompage, le stockage de l'hydrogène et les batteries à semiconducteurs.

Tableau 5.2

Tableau des batteries courantes pour les systèmes photovoltaïques et quelques-unes de leurs principales propriétés.[124]

Type de batterie			Prix	Durée de vie	Profondeur de décharge	Rendement aller-retour	Densité énergétique	Taux de charge	Autodécharge	Taux de décharge
Plomb	Ouverte	Voiture	Bas	Bas	Très bas	Moyen	Bas	Élevé	Élevé	Élevé
Plomb	Ouverte	Cycle profond	Moyen	Élevé	Moyen	Moyen	Bas	Moyen	Élevé	Moyen
Plomb	Scellée	Fibre de verre microporeuse (AGM)	Élevé	Moyen bas	Moyen	Moyen	Bas	Bas	Bas	Élevé
Plomb	Scellée	Gel	Élevé	Moyen	Moyen	Moyen	Bas	Bas	Bas	Élevé
Lithium Ion			Élevé	Moyen à élevé	Élevé	Élevé	Très élevé	Élevé	Bas	Élevé
Lithium Iron Phosphate			Bas	Élevé	Très élevé	Élevé	Élevé	Élevé	Bas	Élevé

		Durée de vie	Profondeur de décharge	Rendement aller-retour	Densité énergétique	Taux de charge	Autodécharge	Taux de décharge
Bas :		200 à 900 cycles	<20%	65%-75%	30-70Wh/kg	≤0,25C	<3% / mois	≤0,25C
Moyen :		900 à 1300 cycles	50%-80%	42%-85%	70-100Wh/kg	0,25V-3C	3%-6% / mois	0,25V-3C
Élevé :		1300 à 2500 cycles	80%-100%	85%-97%	100-200Wh/kg	≥3C	>6 % / mois	≥3C

5.4.1. Sans batterie

Dans les cas où l'énergie doit provenir des panneaux solaires uniquement lorsque le soleil brille, aucune batterie n'est nécessaire. Exemples de systèmes sans batterie : certains

124 https ://www.appropedia.org/Table_of_battery_comparison

ventilateurs de serre, applications de pompage d'eau (Figure 5.14) et chargeurs de téléphones portables (Figure 5.15).

Figure 5.14
Étudiants en ingénierie 371 à Cal Poly Humboldt utilisant deux petits panneaux solaires en parallèle pour pomper de l'eau. La comparaison du débit et de la hauteur de l'eau avec le courant et la tension des panneaux permet de mesurer le rendement du système.

Figure 5.15

Borne de recharge solaire à Six Rivers Charter High School. Les téléphones portables ne peuvent être chargés que lorsque le soleil brille. appropedia.org/Six_Rivers_Charter_School_solar_cellphone_charger

5.4.2. Batteries au plomb

Les batteries au plomb sont une technologie bien au point après plus de 100 ans de développement et des rendements assez élevés.[125] Les véhicules conventionnels contiennent généralement une batterie de démarrage au plomb de 12 volts. Malheureusement, une batterie de démarrage de voiture, bien que disponible partout, ne convient généralement pas à un système photovoltaïque. Les batteries de voitures (contrairement au banc de batteries d'un véhicule électrique) ont une DoD très faible, ce qui signifie qu'elles ne sont pas destinées à une décharge longue. En utilisation courante, une batterie doit seulement se décharger pendant quelques secondes à un courant élevé pour démarrer la voiture, puis se charger et maintenir cette charge pendant que le véhicule roule, alors que la plupart des cas d'utilisation d'énergie renouvelable doivent se décharger pendant longtemps. C'est pourquoi la plupart des systèmes photovoltaïques utilisent une batterie à DoD plus importante, comme la batterie d'une voiturette de golf ou une DoD encore plus importante comme celle d'une batterie au plomb à cycle profond. Il peut être tentant d'utiliser une batterie de voiture, qui n'est pas chère, mais vous allez rapidement détruire la majorité des systèmes PV.

125 https ://www.sciencedirect.com/science/article/pii/S2352152X17304437 85% for lead acid.

Figure 5.16

Batterie au plomb-acide à décharge profonde (à gauche) et batterie au plomb-acide scellée sans entretien en fibre de verre microporeuse (AGM) (à droite). appropedia.org/Batteries

5.4.3. Batteries au lithium

Les batteries au lithium sont une technologie de pointe à haut rendement.[126] Les deux types les plus courants de batteries au lithium sont le lithium-ion et le lithium ion phosphate.

Les batteries au lithium-ion sont plus légères, plus faciles à transporter et plus faciles à recycler ; elles ont une DoD plus importante, moins de perte durant le stockage et des durées de vie plus longues qu'une batterie au plomb. Grâce à ces propriétés, elles sont maintenant installées couramment ; on les trouve dans les outils électriques et ordinateurs portables dans le monde entier. Elles sont également plus chères que les batteries au plomb.

La batterie au lithium ion phosphate ($LiFePO_4$) est un peu plus lourde que la batterie au lithium ion, mais elle a un taux de charge/décharge plus élevé, une durée de vie plus longue, et elle est moins affectée par la température. En outre, la $LiFePO_4$ est plus sûre que les batteries au lithium ion en termes de surchauffe et d'élimination. La batterie $LiFePO_4$ est souvent nettement moins chère que les batteries au lithium ion.

126 https ://doi.org/10.1016/j.jpowsour.2019.227011 85-97% for Lithium Ion

En général, si le poids n'a pas d'importance, la LifePO$_4$ est le meilleur choix.

5.4.4. Dangers

Les batteries sont le composant le plus dangereux de tout système photovoltaïque de petite taille. Les dangers les plus graves sont les courts-circuits de forte intensité, les fuites de produits chimiques et les dégagements gazeux. Un court-circuit se produit lors d'une connexion accidentelle entre les deux bornes d'une batterie, par exemple si on laisse tomber un outil en métal sur la batterie ou si on croise les fils négatif et positif. Un court-circuit libère l'énergie stockée dans la batterie à une vitesse incroyable, ce qui provoque des brûlures ou un incendie. Les batteries au plomb contiennent des acides qui, dans le cas des batteries ouvertes, peuvent s'échapper si elles sont inclinées, surchauffées ou surchargées. Les batteries au plomb dégagent également de l'hydrogène, qui est corrosif et explosif. Les batteries au plomb ouvertes à cycle profond dégagent des gaz dans presque toutes les conditions et doivent donc être fortement ventilées. Les batteries au plomb scellées, AGM et Gel, ne dégagent des gaz que très peu et uniquement lorsqu'elles sont surchargées ; elles ne peuvent donc pas être installées dans un espace scellé (mais la circulation de l'air dans une habitation normale suffit généralement).

En maintenant la tension du système à un niveau bas, on réduit le risque de choc ou d'électrocution. Par exemple, un système de 12 ou 24VDC peut généralement être touché sans danger (sauf s'il est fort mouillé, s'il touche le sol, et si vous vous coupez en insérant les fils), et les systèmes de moins de 50VDC ne requièrent généralement pas de mise à la terre. Ceci dit, il est toujours préférable d'éviter le contact, même dans les systèmes de basse tension qui sont l'objet de ce livre. Par ailleurs, assurez-vous de vérifier les directives de tension dans votre code local.

Les contrôleurs de charge protègent contre la surcharge d'une batterie. Les fusibles et disjoncteurs évitent les courts-circuits et les surtensions. Les couvercles des bornes de batteries évitent les courts-circuits accidentels entre les bornes d'une batteriee terminal. Un coffre de batterie (Figure 5.17) prévient les accidents directement liés à un contact avec la batterie. Si vous construisez un coffre de batterie pour une batterie au plomb, n'oubliez pas que celle-ci dégage des gaz et nécessite donc une bonne ventilation.

Figure 5.17
Un coffre de batterie fait maison avec une ventilation et un conduit. www.appropedia.org/CCAT_greenshed_solar_lighting

5.5. Charges DC

Les charges DC sont tout dispositif DC (ou composant ou appareil) qui consomme le courant du système. Les charges DC les plus courantes sont tous les objets qui se branchent à l'allume-cigare d'une voiture ou à un port USB et tous les appareils alimentés par des piles. Ceci dit, la plupart des appareils alimenté par des piles sont équipés d'un chargeur mural (voir figure 5.18) qui convertit le courant alternatif (AC) en courant continu (DC). De nombreux appareils à courant continu sont de 12 V (facile à planifier), mais on trouve de nombreux chargeurs muraux dans une grande variété de tensions continues (3V, 5V, 6V, 9V, 12V, 18V, etc.), et le chargeur mural se charge de la conversion, ce qui fait qu'il est souvent plus facile d'utiliser ces appareils comme des charges AC.

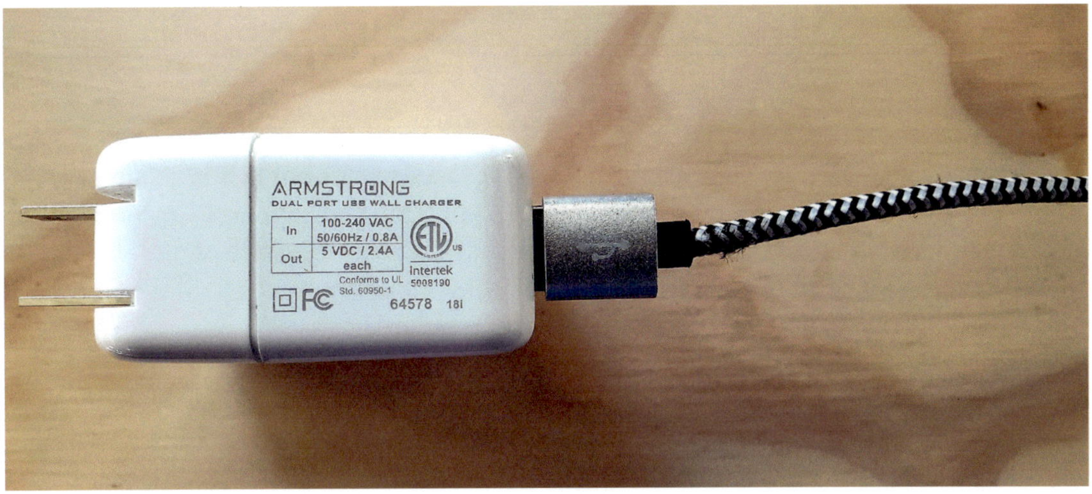

Figure 5.18

Un chargeur mural qui prend une entrée AC avec une plage variable de 100-240V à 0,8A et possède deux sorties DC de 5V à 2,4 A chacune.

Il existe de nombreux appareils disponibles en courant continu, notamment ceux conçus pour les systèmes d'énergie renouvelable hors réseau, les véhicules de loisirs (RV) et, plus récemment, les tiny houses. La plupart des dispositifs qui se branchent à un allume-cigare sont en 12VDC et presque tous ceux qui se branchent à un port USB sont en 5VDC.

Un système conçu entièrement en courant continu a plusieurs avantages : vous ne devez pas acheter un onduleur, et vous ne perdez pas de rendement en inversant en AC. Ceci dit, il peut être coûteux (en énergie et en argent) de devoir gérer toute une gamme de tensions DC différentes. Il est parfois possible de concevoir un petit système entièrement en 12 VDC ou en 12 VDC et 5 VDC, auquel cas vous pouvez vous passer d'un onduleur.

Les avantages d'un système à courant alternatif sont qu'il est plus facile pour alimenter vos charges habituelles, et que la tension alternative plus élevée (par exemple 120 VAC) peut utiliser un câble plus fin, et donc moins coûteux, pour transmettre à de plus longues distances (par exemple, à travers une cour ou une maison) que la tension continue plus faible (par exemple 12 VDC).

5.6. Onduleurs

Les onduleurs convertissent le courant continu (DC) généré par les panneaux solaires en courant alternatif (AC) qui est celui dont dépendent la plupart des appareils ménagers. Paradoxalement, beaucoup d'appareils domestiques (comme les ordinateurs et les chargeurs) fonctionnent en fait en courant continu, mais en courant alternatif il est plus facile de changer la tension et parcourir de grandes distances.

Comme pour les autres aspects de la conception photovoltaïque, de nombreuses options d'onduleurs existent pour répondre à des besoins spécifiques. Il faut sélectionner le type d'onduleur qui correspond aux besoins en puissance de l'utilisateur, à la tension du système, à sa durée de vie, au budget, et à d'autres facteurs.

Les onduleurs doivent être adaptés à la tension et à la fréquence d'entrée et de sortie du système, ainsi qu'aux besoins en courant maximal. En outre, les onduleurs se déclinent en plusieurs formes d'onde. Définitions des termes relatifs aux onduleurs :

- **Tension d'entrée** – la tension nominale d'un système photovoltaïque. Avec un système avec batterie, il suffit de faire correspondre cette valeur à la tension nominale de la batterie. Avec un système sans batterie, vous aurez peut-être besoin d'un régulateur de tension pour adapter la tension d'entrée, ou vous devrez choisir un onduleur dont la tension correspond à celle des panneaux. Les tensions d'entrée typiques sont de 12V, 24V, 48V, et supérieures à 100V pour les systèmes d'interconnexion au réseau public.
- **Tension de sortie** – la tension du système que vous utiliserez. Généralement, la tension de sortie est basée sur le pays où vous vous trouvez, soit 120V en Amérique du Nord ou 230V dans la plupart des pays d'Afrique, d'Asie et d'Europe.
- **Fréquence** – la fréquence de la tension AC de sortie du système. La fréquence est basée sur le pays où vous vous trouvez, soit 60Hz en Amérique du Nord ou 50Hz dans la plupart des pays d'Afrique, d'Asie et d'Europe.

- **Puissance de crête (ou surtension)** – la puissance maximale qui peut être générée pendant un court laps de temps (comme les secondes qu'il faut pour mettre en marche le compresseur d'un réfrigérateur).
- **Puissance continue** – la puissance maximale qui peut être générée pendant de longues périodes.
- **Forme d'onde** – la forme de l'onde AC générée par l'onduleur. La distance entre la forme d'onde et une onde sinusoïdale parfaite est mesurée comme le taux de distorsion harmonique totale (THD) sur une échelle de 0 à 100%. Un onduleur à onde sinusoïdale pure peut avoir un THD faible, soit environ 3%.
- **Rendement** – la perte d'énergie associée à la conversion du courant continu en courant alternatif. Un rendement de l'ordre de 90 % ou plus (>90 %) est courant. Notez que le rendement varie en fonction de la charge et que le rendement moyen peut être beaucoup plus faible que le rendement maximal pour une utilisation spécifique.
- **Chargement** – certains onduleurs ont également des fonctionnalités avancées de chargement de batterie.
- **Alarme** – la tension haute et/ou basse à laquelle l'onduleur déclenche une alarme sonore.
- **Coupure** – la tension haute et/ou basse à laquelle l'onduleur cesse de fonctionner.
- **Consommation de courant sans charge** – le courant est consommé lorsque l'onduleur est branché, mais n'alimente rien. Ceci peut souvent se traduire par une consommation de 1 à 15W (en veille), uniquement pour maintenir l'onduleur branché sans aucune charge.
- **Phase** – Les onduleurs sont généralement monophasés, ce qui correspond à la plupart des prises d'une maison typique connectée au réseau. Les gros onduleurs, hors du champ d'application de ce livre, peuvent être triphasés.
- **Raccordement au réseau** – Onduleurs conçus pour alimenter le réseau.
- **Avec fusible ou interrupteur** – Onduleurs équipés d'un dispositif de coupure de circuit tel que des fusibles ou des interrupteurs

Il existe de nombreux modèles différents d'onduleurs selon les tensions, puissances, formes d'onde, etc. Les types d'onduleurs les plus courants dans le cadre de cet ouvrage sont les suivants : sans onduleur, à onde sinusoïdale modifiée, à onde sinusoïdale vraie, et relié au réseau.

5.6.1. Sans onduleur

Les systèmes peuvent être conçus pour être entièrement en courant continu et ainsi éviter les coûts et les pertes de rendement d'un onduleur. N'oubliez pas que les onduleurs offrent des avantages significatifs en termes d'adaptabilité et d'accessibilité. Dans un système DC, il faut veiller à n'utiliser que des dispositifs en courant continu qui correspondent à la tension du système. Il est également possible d'utiliser des convertisseurs DC-DC pour s'adapter aux différentes tensions des dispositifs, par exemple 5V pour les ports USB et 12V pour les dispositifs à brancher sur l'allume-cigare.

5.6.2. Onde sinusoïdale modifiée

Une méthode relativement peu coûteuse d'inversion est de créer et adoucir une onde carrée, qu'on appelle onde sinusoïdale modifiée (Figure 5.19). Différents appareils ont des sensibilités différentes aux formes d'ondes. La plupart des appareils domestiques fonctionnent par vague sinusoïdale modifiée, mais certains peuvent subir une perte de rendement plus importante, notamment les pompes, chargeurs et ventilateurs. Certains appareils, comme les lampes fluorescentes, peuvent émettre un léger bourdonnement et les appareils qui contiennent une minuterie interne basée sur la fréquence électrique, comme les minuteries et les horloges, peuvent ne pas fonctionner correctement.

De plus, les onduleurs à onde carrée, contrairement aux onduleurs à onde carrée lisse, existent toujours, mais sont aujourd'hui rares, sauf s'ils sont bricolés. Les onduleurs à onde carrée sont très bon marché, mais ils subissent des pertes de rendement importantes et sont incompatibles avec de nombreux appareils.

5.6.3. Onde sinusoïdale vraie (ou pure)

Une méthode d'inversion plus coûteuse consiste à créer une onde sinusoïdale ; cette méthode est appelée onduleur à onde sinusoïdale vraie ou pure. Une onde sinusoïdale pure est celle qui provient du réseau électrique ; un onduleur à onde sinusoïdale pure donne le rendement le plus élevé.

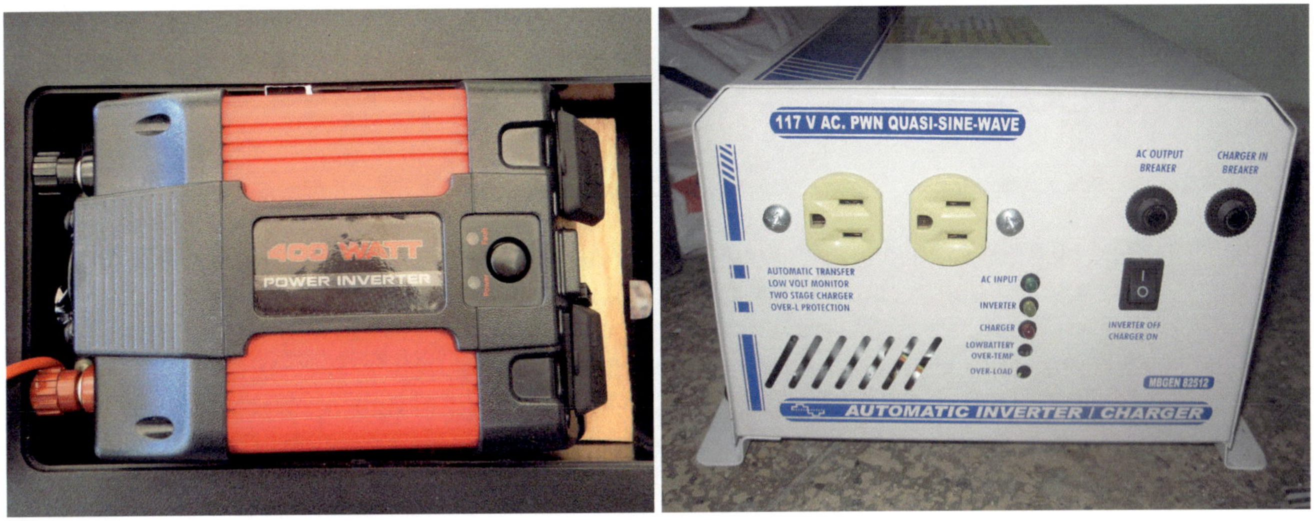

Figure 5.19

Petit onduleur sinusoïdal modifié de 400 W de type automobile (à gauche) et onduleur sinusoïdal modifié de 1,2 kW avec capacité de charge de batterie (à droite). appropedia.org/Treadmill-a-volt_treadmill_powered_charging et appropedia.org/La_Yuca_renewable_energy_2014

5.6.4. Raccordé au réseau

Les onduleurs raccordés au réseau sont faits pour assurer la connexion avec le réseau électrique principal. Ce sont généralement les dispositifs à l'échelle domestique qui peuvent alimenter la maison et/ou injecter l'électricité dans le réseau. La forme d'onde est une onde sinusoïdale et la fréquence et la tension sont conçues pour s'adapter au réseau électrique principal. Les dispositifs de connexion au réseau sont généralement des onduleurs de branche qui se connectent à une chaîne de panneaux solaires et des micro-onduleurs qui se connectent à chaque panneau. Les micro-onduleurs ont l'avantage d'être plus adaptables et de permettre des extensions dans l'avenir.

Certains onduleurs ont également des capacités de chargement de batterie. Pour la connexion au réseau, cela signifie que si le réseau tombe en panne, on a toujours une batterie de secours. En outre, ce système peut être associé à la facturation de l'électricité selon l'heure de la journée pour réduire votre facture.

5.7. Charges AC

Les charges AC habituelles sont tout ce qui se branche sur une prise murale. Dans un système photovoltaïque, les charges AC sont tout dispositif AC (ou composant ou appareil) qui tire de l'énergie du système via l'onduleur. Les normes varient d'un pays à l'autre, mais elles se situent généralement entre 100 et 240 V. Par exemple, aux États-Unis et au Mexique, la norme est de 120 VAC alors qu'en Inde et au Royaume-Uni, la norme est de 230 VAC. En outre, le réseau alternatif est également classé en Hz, presque toujours à 50 ou 60 Hz. Le hertz (Hz) est simplement la fréquence à laquelle la tension du réseau alterne (le A dans AC). De nombreux appareils peuvent gérer les deux types de courant, et il est préférable de s'en tenir à ce qui est disponible dans votre pays.

Il est important de garder à l'esprit que certaines charges importantes en courant alternatif, telles que les moteurs et les compresseurs, peuvent avoir une surcharge de courant rapide lorsqu'elles sont allumées. Voir les avantages des systèmes DC et AC dans la section 5.5.

5.8. Fils et fiches électriques

Les fils et fiches connectent tous les composants d'un système photovoltaïque au sein d'un circuit complet, ce qui veut dire qu'ils fournissent le courant à chaque composant. Beaucoup de fils et fiches seront familiers à la majorité des lecteurs et existent en différents matériaux, styles et tensions et courants maximum.

Plus le courant maximal est élevé, plus les fils et fiches doivent être gros et robustes. Vous devez également veiller à utiliser des fiches conçues pour le courant et la tension corrects afin d'éviter qu'un utilisateur ne connecte un appareil incompatible, ce qui pourrait entraîner des dommages et des blessures.

Les fils existent en différents diamètres, qu'on appelle calibre (section 7.6 Dimensionnement des fils et des fiches). Plus il y a de courant et plus longue est la distance à parcourir, plus gros doit être le diamètre (qu'on appelle le calibre). Les fils convenant aux systèmes PV de petite taille existent également sous forme pleine, toronnée ou tressée, chacun avec ses avantages et ses inconvénients. Les termes les plus importants à connaître concernant les fils des systèmes photovoltaïques sont :

- **Fil plein** – généralement le moins cher, plus solide (en conditions rigides), et plus résistant à la corrosion environnementale. Ils sont également les plus pratiques pour la microélectronique, car ils gardent leur forme lorsqu'ils sont manipulés.
- **Fil toronné** – plusieurs filins regroupés en un seul fil, généralement un peu plus cher, flexible et conducteur.
- **Matériau du fil** – le métal dans lequel est fabriqué le conducteur. Les deux métaux les plus utilisés sont l'aluminium et le cuivre. L'aluminium est moins cher, moins conducteur et plus fragile lorsqu'il est plié. Le cuivre est plus cher, plus conducteur et plus flexible.
- **Isolation** – le matériau entourant le conducteur, qui évite les connexions accidentelles, la dégradation par UV, la chaleur et l'humidité.

- **Couleur** – codifiée pour indiquer l'utilisation du fil.

Pour les systèmes à courant et tension plus élevés, il faut respecter le code électrique le plus usité et le plus pertinent (p. ex. le NEC aux États-Unis, au Mexique, au Costa Rica, au Venezuela et en Colombie). En général, les systèmes de moins de 50 V n'ont pas besoin d'être mis à la terre,[127, 128] et les systèmes de moins de 30 V ont encore moins de restrictions.[129]

Les conventions relatives aux types de fiches doivent également être respectées afin que personne n'essaie de brancher le mauvais appareil. Par exemple, n'utilisez pas une prise murale standard à trois broches pour une fiche DC.

5.8.1. Isolation

Les fils qui transportent des courants plus forts doivent être plus gros, et les fils transportant des tensions plus élevées doivent avoir une isolation supérieure. Il faut également prendre en compte les conditions environnementales. Différents pays ont différents codes pour les types de fils. Par exemple, aux États-Unis, THWN est l'acronyme de Thermoplastic Heat and Water-resistant Nylon-coated (revêtement nylon thermoplastique résistant à la chaleur et à l'eau). Pour une meilleure protection, on peut tirer le fil dans un conduit.

---

127 2017 NFPA 70 NEC https ://www.nfpa.org/codes-and-standards/all-codes-and-standards/list-of-codes-and-standards/detail ?code=70 250.20 (A) donne la liste des conditions de mise à la terre des systèmes de moins de 50 V (concerne surtout les transformateurs). 250.20 (B) donne la liste des conditions de mise à la terre des systèmes de 50V à 1000V (plus strictes que pour les <50)

128 https ://www.ecmag.com/section/codes-standards/know-rules décrit les règles NEC 2017 relatives à la mise à la terre des systèmes basse tension.

129 https ://www.ecmweb.com/code-basics/solar-photovoltaic-systems-part-2

Les fils qui seront sur un toit doivent être isolés contre l'humidité, les rayons UV et la chaleur. De nombreux panneaux sont fournis avec du fil PV ou USE-2 qui conviennent tous deux aux installations sur toitures.[130,131]

5.8.2. Couleur

La couleur indique l'utilisation du fil. Il est important de respecter les normes locales pour faciliter les tâches d'entretien et de réparation et réduire les risques d'accident. Outre la couleur, les étiquettes améliorent fortement la clarté, la sécurité et la longévité d'un système.

Les codes couleur DC pour les systèmes de petite taille sont : vert ou nu pour la masse de l'équipement, noir pour négatif ou masse conducteur, et rouge (ou une autre couleur si nécessaire) pour positif. Les codes couleurs AC varient fortement d'un pays à l'autre. Par exemple, aux États-Unis, le fil de source de courant (« hot ») est rouge ou noir (ou bleu pour une 3e phase que nous n'aborderons pas dans ce livre), le neutre (le chemin de retour de la source de courant) est blanc, et le fil de terre est nu ou vert.

Il faut veiller à connecter ou souder correctement les fils et les fiches. Les boîtiers de jonction et coffres augmentent également la sécurité. Une astuce bien connue pour augmenter l'étanchéité consiste à faire plier le fil vers le bas et le faire revenir vers le haut, de sorte que l'eau s'égoutte à l'endroit de la pliure plutôt que de suivre le fil jusqu'au boîtier.

---

130 L'article 690 Partie IV du NEC 2017, intitulé Méthodes de câblage, autorise différentes méthodes de câblage pour les systèmes photovoltaïques. Pour les conducteurs simples, les types de fil UL Listed USE-2 (Underground service entrance) et PV sont autorisés pour les emplacements extérieurs dans les circuits de source PV au sein du réseau photovoltaïque. Le fil PV est également autorisé pour une installation sur plateaux pour les circuits de source PV et pour les circuits PV de sortie en extérieur qui doivent être calibrés pour l'utilisation en plateaux. Des restrictions s'appliquent néanmoins si les circuits de source et de sortie PV fonctionnent à plus de 30V dans des endroits accessibles. Dans ces cas, il faut installer des conducteurs de type MC ou similaires dans des chemins de câbles » https ://www.anixter.com/en_us/resources/literature/wire-wisdom/pv-wire.html

131 « L'isolant recouvrant le fil peut protéger le câble de la chaleur, de l'humidité, des rayons ultraviolets ou des produits chimiques.
- Le THHN est généralement utilisé dans des endroits secs, à l'intérieur.
- Le THW, le THWN et le TW peuvent être utilisés à l'intérieur ou pour des applications extérieures humides dans des conduits.
- L'UF et l'USE conviennent aux applications humides ou souterraines.
- Les câbles PV Wire, USE-2 et RHW-2 peuvent être utilisés dans des conditions extérieures et humides, leur câblage extérieur étant résistant aux UV et à l'humidité. Ils doivent être résistants à la lumière solaire. »
https ://www.civicsolar.com/support/installer/articles/solar-wire-types-solar-pv-installations

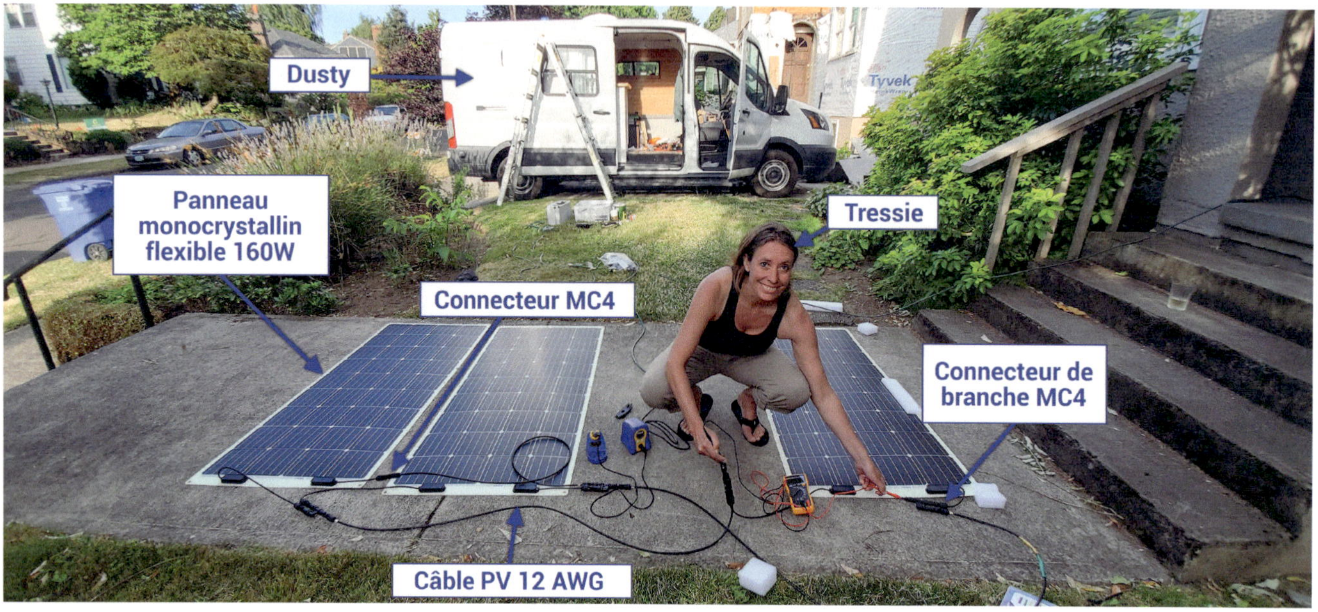

Figure 5.20

Trois panneaux monocristallins flexibles de 160 W avec des connecteurs MC4 et MC4 Branch. Dusty Build par Tressie Word

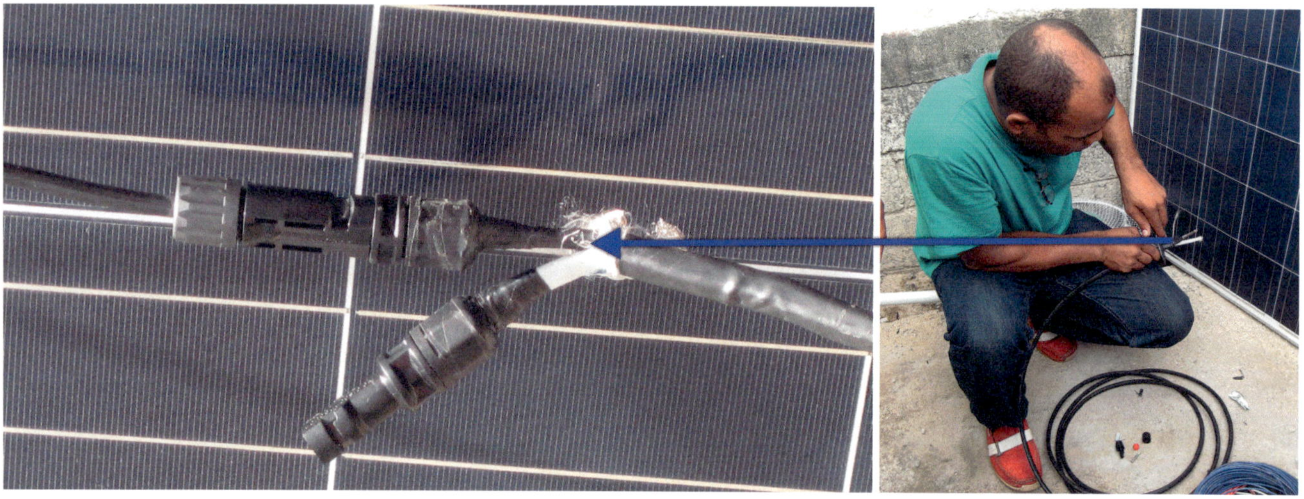

Figure 5.21

Connecteurs de panneaux solaires MC4 (à gauche) et fils en cours de dénudage (à droite). appropedia.org/Practivistas_solar_2015

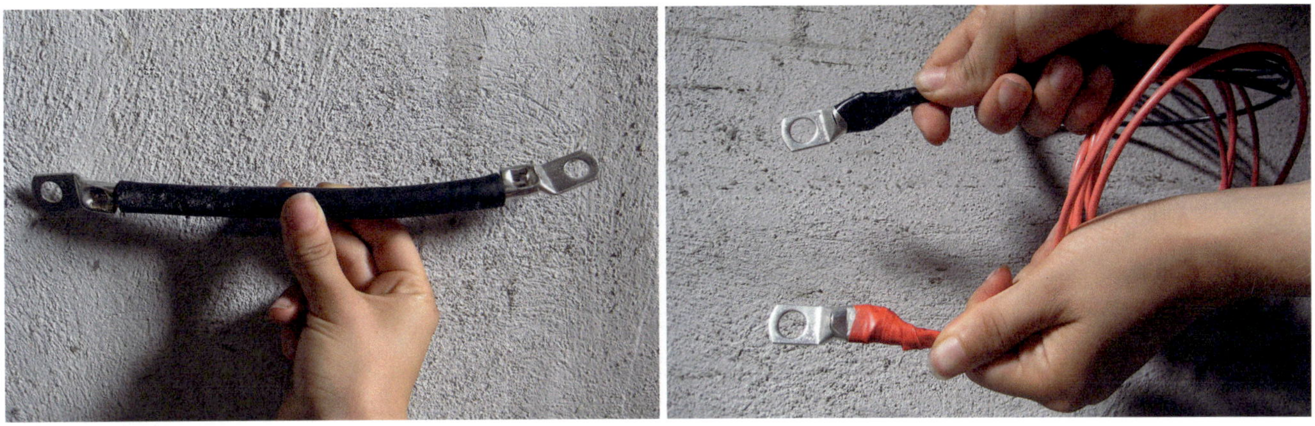

Figure 5.22

Fil de gros diamètre (cavalier) avec bornes pour connecter les batteries entre elles (à gauche) et connecter les batteries au reste du système (à droite). appropedia.org/Practivistas_solar_2015

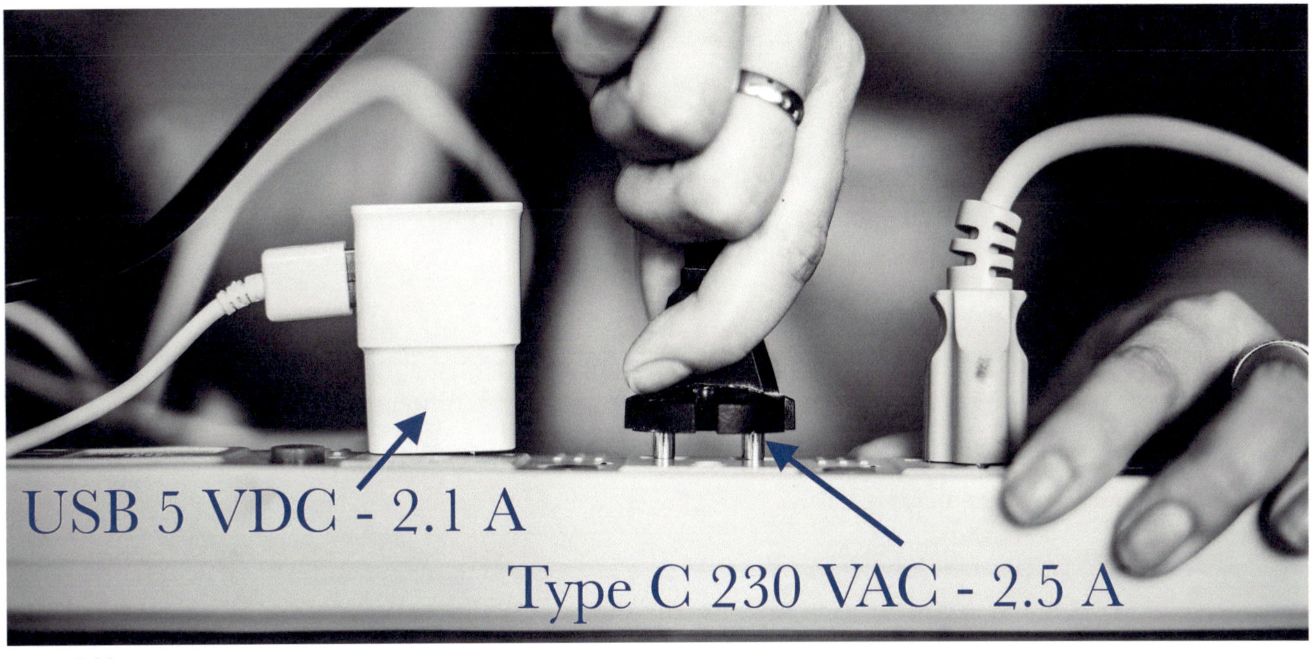

Figure 5.23

Fiche USB 5 V DC - 2,1 A max courante dans le monde entier (à gauche) et fiche de type C 230 VAC - 2,5 A max courante en Asie, en Europe et en Amérique du Sud (à droite)

5.9. Dispositifs de sécurité supplémentaires

La sécurité est essentielle dans toute installation, mais surtout dans celles qui utilisent l'électricité. Plus le système est grand, plus la tension est élevée, plus il y a de batteries, plus les utilisateurs sont des profanes, et plus l'accès est public : toutes ces raisons expliquent l'importance de la sécurité.

Parmi les dispositifs de sécurité supplémentaires, citons les compteurs, la signalisation, les alarmes, la mise à la terre physique, les boîtiers de jonction et les parafoudres. Nous vous recommandons d'envisager ces dispositifs lorsque vous planifiez votre système.

5.10. Racking

Le racking (rayonnages) est l'ensemble des composants mécaniques qui maintiennent un panneau PV en place.

Ici, nous allons examiner les bases du racking PV ainsi que deux des méthodes que n'importe qui peut utiliser pour fabriquer un système PV simple et peu coûteux installé au sol (ou sur un toit plat) et un système intégré à un bâtiment pour son propre toit.

5.10.1. Bases du racking

Il n'y a pas très longtemps, le racking n'avait presque aucun impact sur le coût d'un système PV. Toutefois, à mesure que les coûts des modules PV (prix par Watt) chutaient, la place des autres composants BOS (équilibre du système) a gagné en importance. Aujourd'hui, le racking peut même être l'élément dominant du budget d'un système

PV.[132] En grande partie à cause de ce manque d'attention et de la relative insignifiance du coût du racking photovoltaïque, celui-ci s'est marginalisé et on a fait peu de progrès en termes de réduction des matériaux et des coûts associés au racking PV. Ceci présente un énorme intérêt, car la plupart des gens ont à la fois les compétences et les matériaux pour fabriquer un rayonnage basique, ce qui réduit fortement les coûts d'un système de petite taille.

5.10.2. Angle d'installation

Si vous installez les modules pour une seule saison, vous pouvez utiliser cette règle simple : prenez votre latitude et ajoutez 15 degrés pour l'hiver ou soustrayez 15 degrés pour l'été. Par exemple, si votre latitude est de 45 degrés, l'angle d'installation de vos panneaux pour l'hiver est : 45 + 15 = 60 degrés. En été, il serait de : 45 + 15 = 30 degrés. Vous ne devez pas nécessairement changer l'angle durant l'année, mais vous pouvez déterminer un angle d'inclinaison optimal à l'aide d'un programme de simulation gratuit comme System Advisor Model (SAM).[133] SAM peut vous aider à optimiser sans trop de frais les projets de grande taille, mais peut s'avérer excessif pour la plupart des petits projets.

5.10.3. Types de racking à fabriquer soi-même

Vous pouvez soit fabriquer votre propre racking, soit en acheter un tout fait. Si vous choisissez la deuxième option, vous en payerez le prix, qui est normalement supérieur au module d'un petit système. Si vous le fabriquez vous-même, vous allez économiser beaucoup d'argent, mais ceci dépend du type de racking que vous allez construire. Voici quelques options de racking à construire, classés par ordre de complexité :

- Pour le système le plus simple, surtout s'il est provisoire, il vous suffit simplement d'appuyer les modules contre un support solide comme une bûche, des palettes (comme illustré à la figure 5.24), le côté d'un bâtiment ou un gros rocher, etc.

132 Barbose, G., 2014. *Tracking the Sun VI: An Historical Summary of the Installed Price of Photovoltaics in the United States from 1998 to 2012.* L. B. N. Laboratory.

133 https ://sam.nrel.gov/opensource and https ://sam.nrel.gov/download

- Un système portable légèrement plus complexe consiste à fabriquer le rayonnage en tuyaux de PVC et le fixer à l'aide de colliers de serrage.[134] L'essentiel est d'orienter le panneau PV vers le soleil.
- À l'étage suivant de complexité, on peut fabriquer un système de montage à panneau unique à partir de planches en bois solides[135] comme celles d'une palette (voir figure 5.24).[136] Beaucoup d'amateurs ont fabriqué des supports PV en bois[137] qui fonctionnent bien, même s'ils ne durent pas aussi longtemps que les systèmes commerciaux qui sont généralement fabriqués en métal, même lorsqu'ils sont vendus en kits à monter soi-même.[138] Les systèmes de rayonnage en bois peuvent être complexes, comme le système de montage ajustable illustré à la figure 5.26.[139]
- Le niveau suivant de complexité utilise du bois et du métal, comme Unistrut[140] ou en simples extrusions.[141] Vous pouvez également fabriquer un système photovoltaïque flottant très peu coûteux avec de l'époxy marin et de la mousse (voir figure 5.25).[142]
- Un racking encore plus complexe est fait de sections imprimées 3D dont nous allons parler dans la section suivante.
- Pour plus de détails sur le racking PV, voir https ://www.appropedia.org/Open_source_DIY_PV_racking

134 https ://gnomadhome.com/pvc-solar-mount/

135 https ://waldenlabs.com/diy-off-grid-solar-system/

136 https ://www.youtube.com/watch ?v=TQQGVN9JKdQ

137 https ://www.builditsolar.com/Projects/PV/EnphasePV/Mounts.htm

138 https ://www.doityourselfsolarracking.com/

139 https ://www.instructables.com/id/Tiltable-Solar-Panel-Mount/

140 http ://www.tincancabin.com/2013/08/more-solar/#more-1797

141 http ://www.ottawavalleypv.ca/low_cost_ground_mounts.html

142 Mayville, P., Patil, N.V. and Pearce, J.M., 2020. Fabrication décentralisée de modules photovoltaïques flottants flexibles pour le marché secondaire. *Sustainable Energy Technologies and Assessments, 42*, p.100830. https ://www.researchgate.net/publication/346541241_Distributed_manufacturing_of_after_market_flexible_floating_photovoltaic_modules

Figure 5.24
Capture d'écran d'une vidéo pour le montage de panneaux solaires sur des palettes par David Poz.

Figure 5.25
Modules PV flexibles convertis en FPV.

Figure 5.26
Support de panneau solaire en bois réglable. CC-BY-NC-SA par l'utilisateur Born_to_build de Instructable.

5.10.4.

Les progrès technologiques en matière d'impression 3D, d'accès généralisé à Internet et d'informatique abordable ont donné naissance à un nouveau moyen de conception ouverte capable d'accélérer le développement durable autogéré.[143] Une imprimante 3D est une machine qui construit des objets en 3D, une couche à la fois. Les imprimantes 3D sont très intéressantes, car elles permettent l'utilisation de modèles du domaine public pour fabriquer des technologies appropriées open source (OSAT),[144] qui sont faciles et économiques à fabriquer à partir de ressources facilement accessibles par les communautés locales pour leurs propres besoins. Le projet RepRap[145] (concepteur de réplication rapide) a fait chuter le prix à quelques centaines de dollars.[146] Il existe

143 J. M Pearce, C. Morris Blair, K. J. Laciak, R. Andrews, A. Nosrat and I. Zelenika-Zovko, "3-D Printing of Open Source Appropriate Technologies for Self-Directed Sustainable Development", *Journal of Sustainable Development* 3(4), pp. 17-29 (2010). https ://doi.org/10.5539/jsd.v3n4p17

144 Joshua M. Pearce, "The Case for Open Source Appropriate Technology", *Environment, Development and Sustainability, 14, pp. 425-431 (2012). https://link.springer.com/article/10.1007/s10668-012-9337-9*

145 https ://reprap.org/wiki/RepRap

146 Wittbrodt, B. T., Glover, A. G., Laureto, J., Anzalone, G. C., Oppliger, D., Irwin, J. L. & Pearce, J. M. (2013). "Life cycle economic analysis of distributed manufacturing with open-source 3-D printers", *Mechatronics, 23*, 713-726. https ://www.academia.edu/4067796/Life-Cycle_Economic_Analysis_of_Distributed_Manufacturing_with_Open-Source_3-D_Printers

également plusieurs types de RepRap alimentés par des systèmes photovoltaïques, spécialement conçus pour les situations de crise humanitaire.[147, 148, 149, 150] Une façon de réduire le coût des supports pour un système photovoltaïque est d'utiliser une imprimante RepRap 3D pour fabriquer des panneaux photovoltaïques mobiles à petite échelle.[151] Une étude[152] a évalué la viabilité technique et économique de la fabrication décentralisée de rayonnages photovoltaïques dans les pays en développement ainsi que de bâtiments à toit plat[153] à l'aide d'imprimantes 3D RepRap d'entrée de gamme et a obtenu des résultats prometteurs.

Un exemple de système de rayonnage imprimé en 3D est le système X-wire, qui utilise le cadre en aluminium existant du module PV standard comme structure et maintient le module en place grâce à des supports d'extrémité tirés contre le cadre par un câble en acier. Un réseau PV de 1 kW composé de quatre modules PV de 250 W, illustré à la figure 5.27, utilise le système de rayonnage X-wire.

147 Debbie L. King, Adegboyega Babasola, Joseph Rozario, and Joshua M. Pearce, "Mobile Open-Source Solar-Powered 3-D Printers for Distributed Manufacturing in Off-Grid Communities," *Challenges in Sustainability 2*(1), 18-27 (2014). http ://dx.doi.org/10.12924/cis2014.02010018

148 Benjamin L. Savonen, Tobias J. Mahan, Maxwell W. Curtis, Jared W. Schreier, John K. Gershenson and Joshua M. Pearce. Développement d'une imprimante 3D pour la réponse aux crises humanitaires. *Technologies 2018, 6(1), 30 ;* https ://doi.org/10.3390/technologies6010030

149 Khan, K.Y., Gauchia, L., Pearce, J.M., 2018. Autosuffisance des imprimantes 3D : utilisation de systèmes autonomes d'alimentation solaire photovoltaïque. *Renewables: Wind, Water, and Solar 5:5.* https ://doi.org/10.1186/s40807-018-0051-6

150 Jephias Gwamuri, Dhiogo Franco, Khalid Y. Khan, Lucia Gauchia and Joshua M. Pearce. High-Efficiency Solar-Powered 3-D Printers for Sustainable Development. *Machines 2016, 4*(1), 3 ; https ://doi.org/10.3390/machines4010003

151 Wittbrodt, B., Laureto, J., Tymrak, B. and Pearce, J.M., 2015. Fabrication décentralisée avec impression 3D : étude de cas de systèmes de montage de panneaux solaires photovoltaïques pour véhicules de loisir. *Journal of Frugal Innovation, 1*(1), p.1. https ://jfrugal.springeropen.com/articles/10.1186/s40669-014-0001-z

152 B.T. Wittbrodt & J.M. Pearce. Impression 3D de supports photovoltaïques dans les pays en développement. *Energy for Sustainable Development 36, pp. 1-5 (2017).* https ://www.researchgate.net/publication/309883530_3-D_printing_solar_photovoltaic_racking_in_developing_world

153 B.T. Wittbrodt & J.M. Pearce. Évaluation du coût total aux États-Unis d'un rayonnage photovoltaïque léger basé sur la tension, monté sur toit plat. *Solar Energy 117* (2015), 89–98. https ://www.academia.edu/29779538/3-D_Printing_Solar_Photovoltaic_Racking_in_Developing_World

Figure 5.27
Réseau PV de 1 kW assemblé avec le système X-wire. Les composants imprimés en 3D, représentés en gris, se trouvent dans les coins. Le câblage forme un motif en x sous les modules.

Par rapport à un système de rayonnage du commerce, le système X-wire est nettement moins cher, soit 83% (avec filament d'impression 3D commercial) à 82% (avec déchets plastiques recyclés). En fabriquant vous-même vos rayonnages, vous pouvez également éviter les droits d'importation, qui peuvent être élevés selon votre pays. Avec le système X-wire, le coût individuel le plus important est celui du plastique imprimé : 1,5kg/kW utilisé à 33$/kg. Grâce à une nouvelle technologie, le recyclebot,[154, 155] qui convertit les déchets de plastique en matière première pour imprimante 3D, le coût est encore réduit jusqu'à environ 10 cents par kg. Un filament extrudé par recyclebot est particulièrement intéressant dans les régions en développement où il y a déjà eu des tentatives de création de normes éthiques pour les filaments,[156] qui permettraient aux collecteurs de déchets (personnes qui gagnent leur vie en fouillant les décharges à la recherche de matériaux recyclables) de se sortir de la pauvreté en s'appropriant une plus grande part de la valeur de recyclage des plastiques en filament pour imprimante 3D.

154 http ://www.appropedia.org/Recyclebot

155 Baechler, C., Devuono, M. & Pearce, J. M. (2013). "Distributed recycling of waste polymer into RepRap feedstock" (Recyclage décentralisé de déchets polymères en matière première RepRap), *Rapid Prototyping Journal, 19*, 118-125. https ://www.researchgate.net/publication/235703067_Distributed_Recycling_of_Waste_Polymer_into_RepRap_Feedstock

156 Feeley, S. R., Wijnen, B., & Pearce, J. M. (2014). Evaluation of Potential Fair Trade Standards for an Ethical 3-D Printing Filament. *Journal of Sustainable Development,* 7(5), 1-12. https ://www.researchgate.net/publication/285936892_Evaluation_of_Potential_Fair_Trade_Standards_for_an_Ethical_3-D_Printing_Filament

5.10.5. Racking pour systèmes PV intégrés du marché secondaire

Un rack de toiture résidentielle ordinaire se décline en de nombreux styles différents selon le type de toiture (bardeaux, métal, ardoises, etc.) qui ont tous des caractéristiques similaires. Actuellement, tous les systèmes de montage PV en toiture utilisés pour les modules conventionnels impliquent une certaine distanciation, ce qui va augmenter la distance entre le toit et les modules de quelques centimètres ou plus selon la pente du toit. La distance d'écartement a toujours été incluse pour dissiper l'énergie thermique dans les modules afin de minimiser les pertes de rendement dues aux températures de fonctionnement du système. Il existe beaucoup d'options de racking de styles et d'angle différents permettant une installation idéale, et leur coût est maintenant relativement élevé contrairement à celui des modules. Par exemple, le racking Rooftrac coûte 0,12$/W pour une application résidentielle.[157] Ces prix exorbitants des rayonnages peuvent être un frein à la rentabilité des systèmes.

De plus, ces systèmes doivent toujours être installés sur une toiture standard, car le PV n'est pas une toiture. C'est un énorme gaspillage ! Le secteur photovoltaïque tente de résoudre ce problème en proposant de plus en plus de systèmes photovoltaïques intégrés au bâtiment (BIPV) et des produits tels que l'ardoise de toiture ou le bardeau photovoltaïque. Dans ces cas, le PV devient votre toit, donc vous ne payez plus pour un toit. Ces produits BIPV sont généralement beaucoup plus chers que les systèmes PV conventionnels, notamment à cause de leur taille relativement petite qui les empêche de bénéficier des économies d'échelle observées sur le marché standard du module. Pour surmonter ces défis, une étude a examiné une nouvelle modification des modules PV conventionnels pour les convertir en revêtement de toitures BIPV (voir les détails de cette étude dans le dossier en accès libre).[158] Les modèles sont disponibles sous forme de matériel entièrement open source sur le site de l'Open Science Framework.[159]

157 "Rooftrac- Residential Roof Solar Mounting System, Solar Racking". ProSolar- Solar Mounting Systems - Oxnard, CA. N.p., 2017.

158 Pearce, J., et all 2017. Design of post-consumer modification of standard solar modules to form large-area building-integrated photovoltaic roof slates. *Designs, 1*(2), p.9. https ://doi.org/10.3390/designs1020009

159 CAD assembly for module BIPV retrofit. Open Science Framework. https ://osf.io/pz3uv/

5.11. Surveillance

La surveillance vous permet de vérifier et contrôler rapidement la santé du système. Beaucoup de contrôleurs de charge et d'onduleurs sont équipés de dispositifs de surveillance, mais vous pouvez avoir envie de vérifier certains appareils ou des charges ou décharges à certains moments. Certains contrôleurs de charge et onduleurs peuvent également télécharger leurs données sur le Web.[160]

5.12. Systèmes

Il y a essentiellement trois types de systèmes photovoltaïques, chacun assorti de conditions de dimensionnement spécifiques. Les systèmes autonomes utilisent uniquement la technologie photovoltaïque et ne sont pas connectés à un réseau de distribution d'électricité ; c'est pourquoi ils ont généralement une forme d'installation de secours, comme une batterie par exemple. Le deuxième type est le système hybride. Les systèmes hybrides produisent de l'électricité par un système photovoltaïque et par d'autres systèmes comme l'éolienne ou le diesel. Enfin, les systèmes reliés au réseau n'ont pas nécessairement besoin d'un système de secours et sont directement reliés au réseau électrique, qui 'stocke' l'électricité. Par exemple, si votre maison est équipée d'un système photovoltaïque relié au réseau électrique et qu'elle produit plus d'énergie que nécessaire, le surplus sera réinjecté dans le réseau. Ainsi, pendant les jours nuageux ou la nuit, vous pouvez utiliser l'énergie du réseau dans votre maison. Vous pouvez également avoir un système connecté au réseau avec des batteries, mais vous aurez besoin d'une autorisation et d'un équipement spéciaux pour le faire fonctionner comme une « île » en cas de panne du réseau.

160 Voici quelques exemples : https ://www.appropedia.org/Photovoltaic_monitoring.

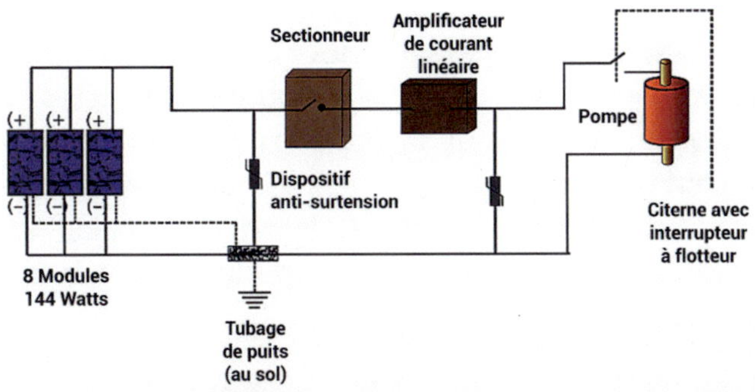

Figure 5.28
Conception d'un système PV autonome pour le pompage de l'eau sans stockage.

Figure 5.29
Pompe solaire en Inde (NREL).

La figure 5.28 montre un exemple de système photovoltaïque autonome similaire à celui utilisé pour pomper de l'eau en Inde, comme le montre la figure 5.29. Le système de base comprend un réseau PV, qui produit de l'électricité qui passe par un sectionneur et un amplificateur de courant linéaire pour alimenter la pompe à eau. Ce système est courant dans les applications agricoles du monde entier, comme la ferme thaïlandaise illustrée à la figure 5.30. Il est très simple à concevoir et n'inclut pas le stockage de l'électricité. Il faut noter toutefois que ce système peut être considéré comme étant équipé de stockage sous forme d'eau pompée, dont le potentiel énergétique est augmenté par le processus de pompage. C'est pourquoi ce système peut pomper l'eau disponible, qui peut être stockée et utilisée en cas de besoin. Il s'agit, à bien des égards, d'un moyen plus fiable et moins coûteux que de stocker l'électricité dans des batteries pour l'utiliser ensuite pour pomper l'eau à la demande. La profondeur du puits et la quantité d'eau nécessaire déterminent au cas par cas la taille du système en raison de la puissance requise pour la pompe. Les systèmes autonomes ne conviennent pas uniquement au pompage d'eau. Ce système de 20W construit au Tibet peut être utilisé pour charger les téléphones cellulaires et les ordinateurs portables. Les batteries des appareils sont chargées et le chargement n'est possible que durant les heures d'ensoleillement.

Figure 5.30
Pompe à eau PV sur un grand système en Thaïlande (NREL).

Figure 5.31
Petit système PV autonome au Tibet (NREL).

Le deuxième type de système est le système hybride. Si vous avez besoin d'électricité immédiatement, l'électricité produite par le PV passe par l'onduleur et, si nécessaire, par un transformateur, avant d'être acheminée vers votre appareil. Sinon, elle est stockée dans une batterie. Ensuite, s'il fait nuit, vous pouvez consommer l'énergie de la batterie. S'il fait nuit pendant une très longue période, ou si la charge dépasse ce que peuvent fournir les panneaux photovoltaïques, vous pouvez tirer l'électricité d'un générateur. Dans le cas idéal en termes de rendement, le générateur serait un co-générateur (c'est-à-dire qu'il fournirait de la chaleur et de l'électricité utiles). En général, ces systèmes ont tendance à être plus grands, car ils sont considérés comme fournissant un approvisionnement critique en électricité (par exemple, pour un système de communication ou un hôpital).

La plupart des systèmes photovoltaïques installés aujourd'hui sont des systèmes reliés au réseau pour ceux d'entre nous qui sont connectés à des maisons reliées au réseau. Si vous ne vivez pas dans une zone rurale, vous pouvez probablement obtenir votre électricité d'un réseau. Un type de système domestique courant dans une grande partie du monde est l'installation à facturation nette (net metering), comme le montre la figure 5.32. Ici, vous avez un réseau de panneaux solaires sur votre toit, le soleil brille sur ces panneaux et produit un courant continu (comme une batterie). Ensuite, le courant DC passe dans l'onduleur et devient un courant alternatif (AC, comme l'électricité qui sort d'une prise murale). L'onduleur est généralement surveillé d'une manière ou d'une autre, généralement via un tableau de disjoncteurs dans la maison. Le courant alternatif va directement au tableau principal de disjoncteurs électriques. De là, il peut être utilisé pour alimenter tout appareil électrique dans la maison. Dans certains cas, à l'heure du déjeuner par exemple, si vous êtes au travail et que la cellule solaire produit de l'électricité, vous allez produire une grande quantité d'énergie électrique, qui pourra ensuite être réinjectée dans le réseau et « faire tourner votre compteur électrique à l'envers » (expression quelque peu désuète, mais visuellement efficace). Vous ne payez que pour la quantité nette d'électricité que vous utilisez. Cela s'appelle la **facturation nette ou le net metering**. Certains utilisateurs de l'énergie solaire font exprès de produire plus d'électricité qu'ils n'en consomment afin de recevoir un remboursement de la part des compagnies d'électricité. Un système à deux compteurs est similaire à cette installation, à la seule différence qu'il n'est pas relié au disjoncteur de la maison et qu'il envoie toute son électricité sur le réseau.

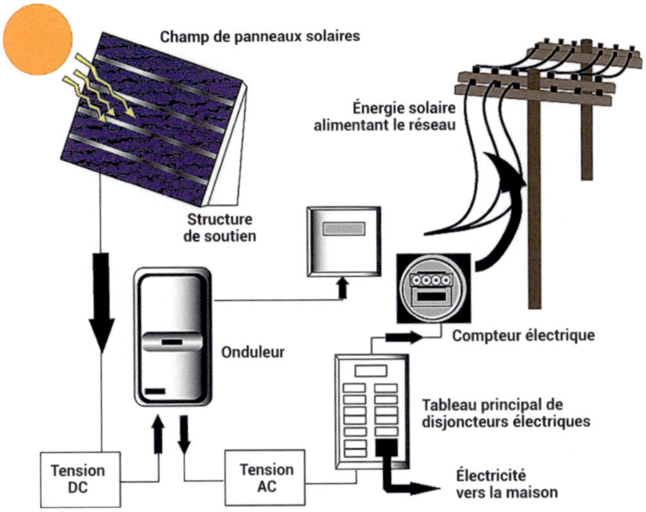

Figure 5.32
Schéma d'un système PV relié au réseau. Les panneaux solaires convertissent directement la lumière du soleil en électricité. L'onduleur convertit l'électricité solaire (DC) en courant domestique (AC) qui peut être utilisé pour alimenter les appareils de la maison. Le contrôle du système est assuré par un compteur numérique facile à lire qui indique au propriétaire la quantité d'électricité produite à la fois de manière cumulée et quotidiennement. Le compteur d'électricité enregistre la consommation et la production d'électricité. Il avance lorsque l'électricité est utilisée à partir du réseau et recule, générant un crédit, lorsque le système solaire produit plus d'électricité qu'il n'en consomme dans la maison.

Quel que soit le type de système solaire que vous envisagez, vous pouvez le concevoir vous-même. La plus grande partie des instructions à suivre concerne la conception d'un système hors réseau avec batterie de secours ; toutefois, de nombreux principes peuvent également être utilisés pour le dimensionnement d'un système en réseau ou d'un simple système de pompage d'eau.

Les systèmes photovoltaïques peuvent varier considérablement en termes d'échelle et de portée. Des systèmes de moins d'un watt peuvent alimenter une montre, et des systèmes de l'ordre du mégawatt peuvent alimenter des communautés entières. Ce livre se concentre sur les systèmes à petite échelle, généralement inférieurs à 1000 W (1kW). La portée d'un système peut varier, allant de l'alimentation d'un dispositif simple à celle de plusieurs appareils complexes.

La figure 5.33 montre un système très basique où un panneau (1) alimente directement une charge DC (5). Un sectionneur, (2), probablement un simple interrupteur, permet de couper l'alimentation en cas de besoin. Les avantages de ce système sont qu'il est peu coûteux, simple et durable. Les inconvénients sont qu'il ne fonctionne que lorsque le soleil brille, et que la charge doit être capable de supporter les importantes fluctuations de tension générées par le panneau.

Parmi les exemples classiques de systèmes sans batterie, citons un ventilateur de serre et une pompe à eau. Un ventilateur de serre sert à rafraîchir une serre pendant la journée. La serre est plus chaude lorsque le soleil est au zénith : le ventilateur fonctionnera donc davantage en raison de l'ensoleillement. Une pompe à eau peut être réglée pour pomper vers un réservoir plus élevé uniquement lorsque le soleil est présent. Comme le réservoir supérieur sert de stockage, la pompe peut fonctionner lorsque le soleil est présent et non à la demande.

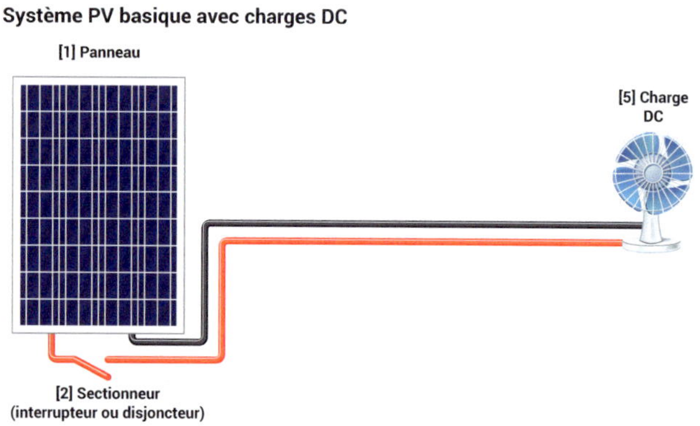

Figure 5.33
Système PV simple avec un panneau alimentant directement un appareil en courant continu.

La figure 5.34 montre un système de base où la tension d'un panneau (1) est régulée par le régulateur de tension[161](3) et alimente une charge à courant continu (5). Un sectionneur, (2), probablement un simple interrupteur, permet de couper l'alimentation en cas de besoin. Les avantages de ce système sont qu'il protège la charge DC et est relativement peu coûteux, simple et durable. Les inconvénients sont qu'il ne fonctionne que lorsque le soleil brille, et qu'il faut ajouter le coût d'un contrôleur de charge.

Parmi les utilisations habituelles de ce type de système, citons un chargeur USB pour les téléphones portables (et autres appareils de 5 V), l'alimentation de lampes LED (par exemple, dans un endroit où l'éclairage naturel n'est pas possible, comme dans certains bureaux et favelas), et l'alimentation d'appareils dotés de batteries internes (par exemple, un haut-parleur portable). Ce type de protection de la tension du régulateur de tension peut également être nécessaire pour le ventilateur et la pompe à eau dont il a été question précédemment, si ce ventilateur et cette pompe à eau sont sensibles à la tension.

161 Souvenez-vous que dans ce livre, nous faisons référence aux régulateurs de tension comme à un type limité de contrôleur de charge.

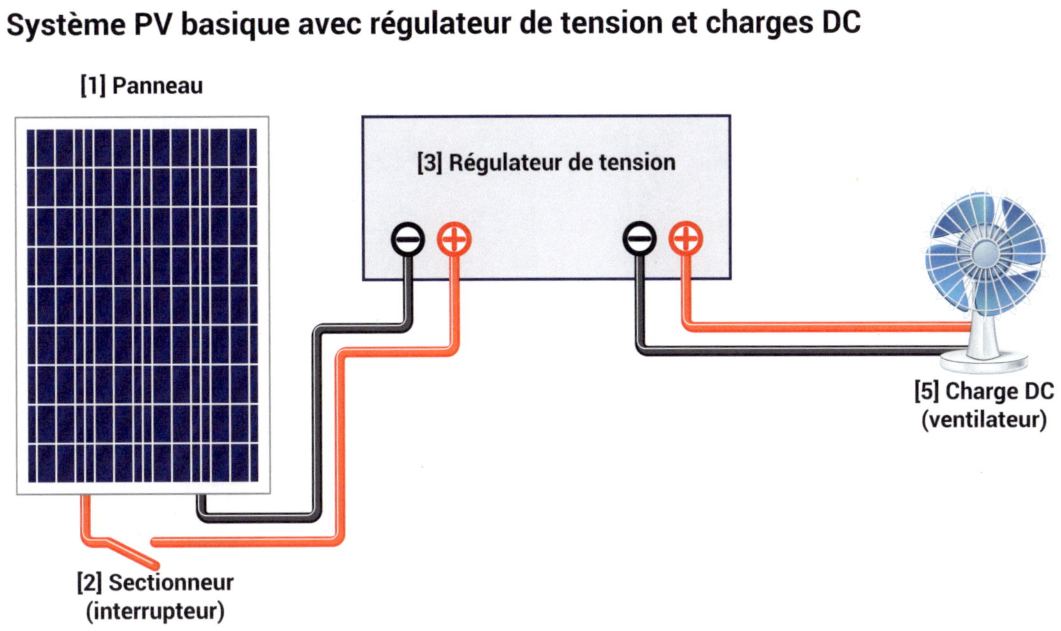

Figure 5.34
Système PV avec un panneau et un régulateur de tension alimentant une charge en courant continu.

La figure 5.35 montre un système où la tension d'un panneau (1) est régulée par le contrôleur de charge (3) pour charger une batterie (4) et alimenter une charge à courant continu (5). Un sectionneur, (2) permet de couper l'alimentation en cas de besoin et un fusible (2) assure une protection contre les surtensions. Les avantages de ce système sont qu'il protège la charge DC et stocke l'énergie qui peut donc être utilisée en l'absence d'ensoleillement. Les inconvénients sont qu'il est plus cher et dangereux en raison de l'ajout d'une batterie.

Ce type de système peut être utilisé pour tous les types d'appareils DC tels que téléphones mobiles, lampes LED, pompes à eau et tout dispositif qui se branche sur l'allume-cigare d'un véhicule. En outre, la batterie peut alimenter des appareils qui consomment plus de courant que ne peut en générer le panneau solaire, mais pour moins longtemps (car la batterie se videra plus vite).

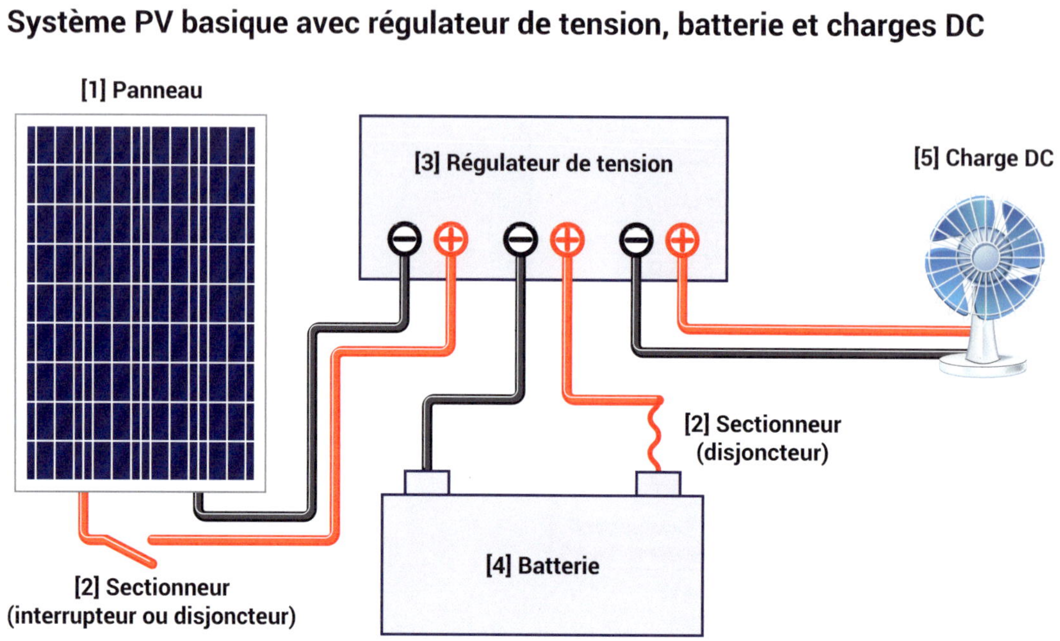

Figure 5.35
Système PV avec un panneau et un régulateur de charge chargeant une batterie et alimentant des charges DC.

La figure 5.36 montre un système où la tension d'un panneau (1) est régulée par le contrôleur de charge (3), probablement équipé d'un écran, pour charger une batterie (4) et alimenter des charges DC (5) et un onduleur (6) pour alimenter des charges à courant alternatif (7). Un sectionneur (2) permet de couper l'alimentation en cas de besoin et un disjoncteur (2) assure une protection contre les surtensions ; une mise à la terre (8) et un parafoudre (8) ajoutent une protection de plus. Les avantages de ce système sont qu'il protège les charges DC et AC et stocke l'énergie qui pourra être utilisée en l'absence d'ensoleillement. L'ajout d'un onduleur fournit le courant AC pour alimenter les appareils ménagers habituels. Les inconvénients sont que l'ajout d'une batterie, d'un onduleur et de protection supplémentaire augmente le coût du système et la batterie le rend plus dangereux.

Ce type de système peut être utilisé pour tous les appareils à courant continu typiques ainsi que pour les appareils à courant alternatif que l'on trouve couramment dans les foyers. Ce type de système est souvent plus grand que les autres et peut être adapté à la taille d'un ménage ou à des applications plus importantes.

Système PV un peu plus important avec contrôleur de charge, batterie, parafoudre, charges DC et charges AC

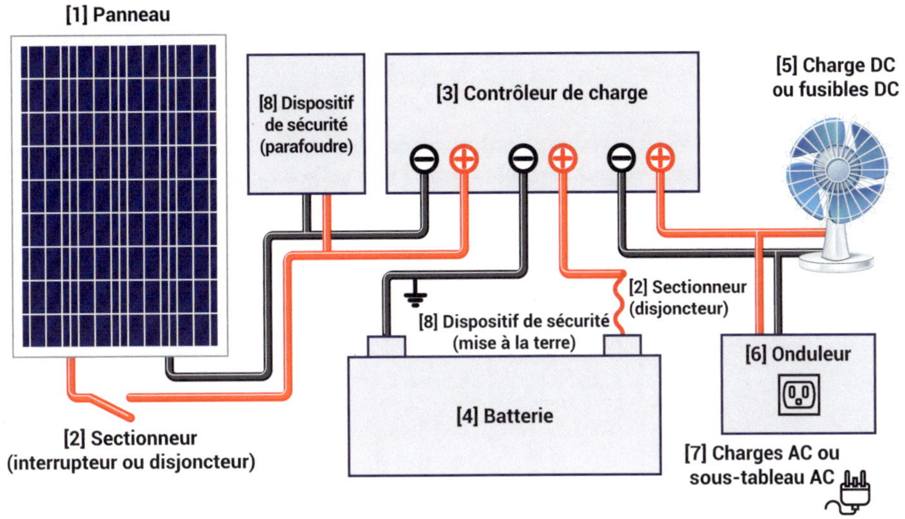

Figure 5.36

Système PV avec un panneau et un contrôleur de charge chargeant une batterie et alimentant des charges DC et AC.

Il arrive souvent que les charges DC et AC soient trop importantes pour pouvoir être contrôlées directement depuis le contrôleur de charge. Dans ce cas, les charges peuvent être connectées à la batterie.

La figure 5.37 montre un système où la tension d'un panneau (1) est régulée par le régulateur de charge (3), probablement un régulateur avec un écran, pour charger une batterie (4). Cette batterie dispose d'un sectionneur pour la charge du contrôleur de charge et d'un autre sectionneur pour les charges alimentées directement par la batterie, c'est-à-dire les charges DC (5) et l'onduleur (6) pour alimenter les charges AC (7). Un sectionneur de panneau (2) permet de couper l'alimentation en cas de besoin.

Un disjoncteur de batterie (2) assure la protection contre les surtensions. Le fusible d'une charge assure une protection contre les courts-circuits, tandis qu'une mise à la terre (8) et un parafoudre (8) assurent une protection supplémentaire du système. Les avantages de ce système sont qu'il protège les charges DC et AC et stocke l'énergie qui pourra être utilisée en l'absence d'ensoleillement. L'ajout d'un onduleur fournit le courant AC pour alimenter les appareils ménagers habituels. Les inconvénients sont que l'ajout d'une batterie, d'un onduleur et de protection supplémentaire augmente le coût du système et la batterie le rend plus dangereux. En connectant les charges à la batterie, on conserve l'avantage du stockage régulé, mais on perd la capacité du régulateur de charge à réguler les charges et à les éteindre en cas de décharge excessive de la batterie.

Système PV plus important avec contrôleur de charge, batterie à fusible, parafoudre, charges DC à fusibles et onduleur plus grand non relié à un contrôleur de charge

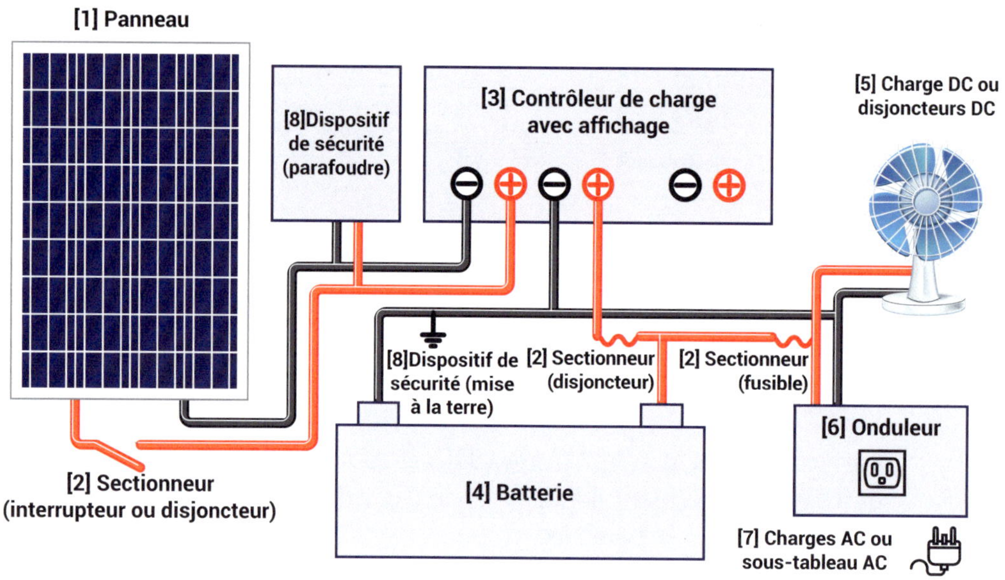

Figure 5.37

Système PV avec un panneau et un contrôleur de charge chargeant une batterie et alimentant des charges DC et AC directement depuis la batterie.

Les systèmes PV peuvent désormais être utilisés pour fournir chauffage et climatisation en les reliant à des pompes à chaleur, comme le montre la figure 5.38. Une pompe à chaleur est un dispositif qui utilise l'électricité pour transférer l'énergie thermique. Les pompes à chaleur les plus courantes sont utilisées pour maintenir le froid dans les réfrigérateurs. Elles peuvent également être utilisées pour chauffer et refroidir plus efficacement un bâtiment, car leur coefficient de performance peut être supérieur à un (par exemple, elles peuvent utiliser une unité d'énergie électrique pour augmenter ou diminuer plus d'une unité d'énergie thermique). Bien que les systèmes solaires thermiques puissent être efficaces, il est plus facile de mettre à l'échelle des pompes à chaleur alimentées par le PV, étant donné que les systèmes peuvent être installés et exploités indépendamment. Le prix des technologies photovoltaïques et des pompes à chaleur a enfin baissé suffisamment pour qu'elles puissent battre le coût des appareils de chauffage au gaz naturel et du réseau au Canada et aux États-Unis, où la pompe à chaleur est principalement utilisée pour le chauffage.[162] Dans les climats plus chauds, la pompe à chaleur peut être utilisée pour la climatisation, ou si vous vivez entre les deux, elle peut être utilisée pour le chauffage ou la climatisation en fonction de la période de l'année.

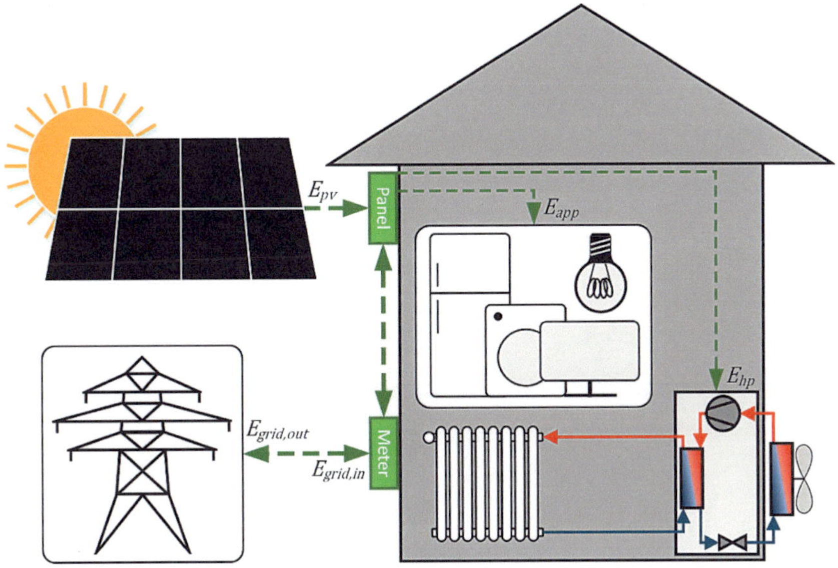

Figure 5.38

Diagramme du système énergétique d'un bâtiment avec production photovoltaïque (Epv), charges des appareils (Eapp), charges de la pompe à chaleur (Ehp) et connexion au réseau (Egrid). https ://www.appropedia.org/File :PV_HP_diagram.png

162 Joshua M. Pearce and Nelson Sommerfeldt. 2021. "Economics of Grid-Tied Solar Photovoltaic Systems Coupled to Heat Pumps : The Case of Northern Climates of the U.S. and Canada" *Energies 14, no. 4: 834.* https ://doi.org/10.3390/en14040834

6. Dimensionnement d'un système sans batterie

Le dimensionnement d'un système est souvent un processus itératif basé sur les besoins énergétiques et l'accès aux ressources. La première étape du dimensionnement des systèmes devrait probablement toujours être de donner la priorité à la conservation. Il est presque toujours moins coûteux de conserver que de surproduire. On parle parfois de négawatts (l'énergie que vous évitez).

Ensuite, il vous faut déterminer si vous devez avoir des batteries hors réseau ou non. Cette section concerne le dimensionnement d'un système sans batterie. La plupart des systèmes ont besoin d'une batterie, mais les systèmes sans batterie sont généralement plus sûrs, moins chers et plus durables. La section 5.4 vous aidera à déterminer si vous avez besoin de batteries. Si votre système nécessite une batterie, sautez cette section et passez à la section 7.

6.1. Charge DC simple

Le système photovoltaïque DC simple alimente une charge directement à partir du soleil, sans régulation ni stockage. Peu de systèmes fonctionnent ainsi, mais lorsqu'ils fonctionnent, c'est généralement le système le moins cher et le plus facile à utiliser. Parmi les utilisations habituelles de ce type de système, citons un chargeur USB (avec régulation intégrée) pour les téléphones portables (et autres appareils de 5V) et les lampes LED (dans un endroit où l'éclairage naturel n'est pas possible, comme dans certains immeubles de bureaux et favelas). Comme indiqué précédemment, ce type de système ne fournit de l'énergie que lorsque le soleil est présent. L'appareil ne fonctionnera pas lorsque le soleil n'est pas présent, à moins qu'il ne dispose de sa propre batterie interne.

Pour dimensionner ce système, il y a deux contraintes principales : la tension et le courant.

Tension : les dispositifs ont une plage de tension de fonctionnement. Certains appareils ont une plage très étroite (par exemple, un ordinateur portable qui peut se charger avec une entrée DC d'exactement 19 V), tandis que d'autres appareils peuvent avoir une plage très large (par exemple, certains pilotes de LED basse tension peuvent accepter 10 à 32 V). Vous devez vous assurer que la ou les charges que vous souhaitez alimenter peuvent accepter toute la gamme des tensions probables du ou des panneaux que vous sélectionnez. Si vos panneaux ont une VOC (tension en circuit ouvert, c'est-à-dire maximale) de 21V, votre appareil dans cette configuration devra être capable d'accepter cette tension.

Courant : les dispositifs ont besoin d'un courant spécifique pour bien fonctionner. Il n'y a généralement pas de problème à utiliser un panneau qui peut fournir un peu plus de courant (I_{IMPP}, le courant du point de puissance maximale, est le meilleur critère pour cela), car le ou les dispositifs ne consommeront que ce qui est nécessaire. D'un autre côté, un courant trop faible peut ou non fonctionner, en fonction de la charge. Si la charge est dotée d'une batterie interne, comme un chargeur de téléphone portable, elle devrait fonctionner correctement, mais elle se chargera un peu plus lentement. Si la charge est un appareil de chauffage ou d'éclairage, il fonctionnera généralement en donnant un peu moins de chaleur ou de lumière.

Pour dimensionner un système simple à courant continu sans régulateur de tension :

1. **Déterminez la plage de tension DC d'entrée** de l'appareil que vous voulez alimenter. Elles sont généralement répertoriées sur l'étiquette de l'appareil ou du chargeur qui alimente généralement appareil. Par exemple, le chargeur USB de la figure 6.1 présente une plage de tension DC d'entrée de 12 à 24 V, et la pompe à eau de la figure 6.2 a montré expérimentalement qu'elle fonctionnait très bien entre 14 et 20 V. Si

le dispositif a besoin d'une seule tension, vous aurez besoin d'un régulateur de tension dimensionné dans la section 6.2 ci-dessous.

2. **Déterminez le courant DC d'entrée** nécessaire pour l'appareil que vous voulez alimenter. Le courant maximal nécessaire est généralement indiqué sur l'appareil. Par exemple, la pompe à eau de la figure 6.2. a une puissance nominale de 7,5 A. Parfois, l'appareil n'indique que le courant sortant. Par exemple, le chargeur USB de la figure 6.1. montre un courant de sortie continu de deux prises avec 5 V * 2,4 A, pour une puissance de 12 W. Si vous voulez alimenter les deux prises, cela ferait 2 prises * 12 W/prise pour 24 W. Si votre tension minimale est de 12 V, le courant maximal nécessaire (sans tenir compte de la perte d'efficacité) serait de 2 A (car I=P/V pour I=24 W/12 V). Si l'appareil ne mentionne que la puissance maximale (en W), vous pouvez diviser cette puissance par la tension (en V) pour obtenir le courant maximal (en A).

3. **Prévoyez un panneau photovoltaïque** dont la puissance est suffisamment proche de la puissance nécessaire à l'appareil ou supérieure à celle-ci. Si l'appareil n'indique pas la puissance dont il a besoin, multipliez son courant maximal indiqué par sa tension maximale pour connaître ses besoins maximums en puissance.

    a. **La tension maximale du panneau** doit être comprise dans la plage de tension d'entrée DC de l'appareil déterminée à l'étape 1 ; sinon, vous avez besoin d'un régulateur de tension décrit dans la section 6.2 ci-dessous.

    b. **Le courant maximal du panneau** doit être proche ou supérieur au courant d'entrée DC nécessaire de l'appareil

    c. **Notez que vous devrez peut-être combiner** quelques panneaux pour répondre à vos besoins de charge plus importante. Si c'est le cas, voir nos conseils à la section 7.3.1.

4. **Dimensionnez le fil** comme décrit dans la section 7.6.

5. **Vous pourriez ajouter un interrupteur** afin de pouvoir éteindre l'appareil lorsque le soleil brille et que le panneau génère du courant. Voir la section 7.7 pour le dimensionnement des interrupteurs.

Spécifications

Cote:	12V - 24V DC
Sortie:	8 Port USB 5V-2.4A/2.4A
Résistance de contact:	50m ohm Max.
Résistance d'isolation:	DC 500V 100M ohm Min.
Température de fonctionnement:	-20°C ~ +45°C
Température de stockage:	-20°C ~ +60°C

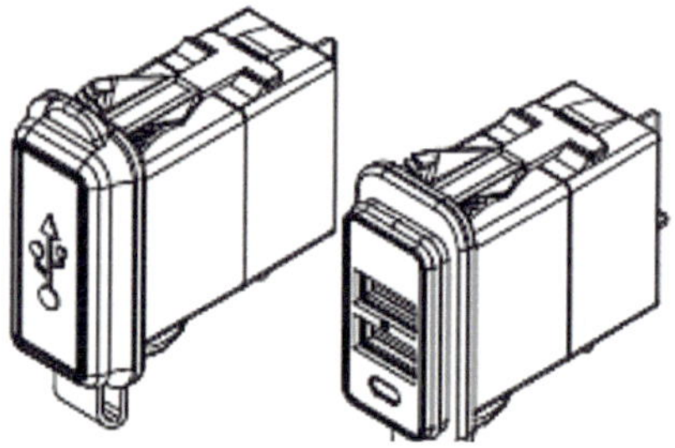

Figure 6.1

Une clé USB à 2 ports qui libère 5 V à 2,4 A (donc 12 W à chaque port) et accepte une entrée DC entre 12 et 24 V, ce qui convient à de nombreux petits panneaux PV (appropedia.org/Redwood_Coast_Montessori_solar_charging_station)

Figure 6.2

Une pompe à eau Shurflo 4008-101-E65 de 12V, d'une puissance nominale de 7,5A, qui a montré expérimentalement qu'elle fonctionnait très bien entre 14 et 20V d'énergie solaire (appropedia.org/CCAT_solar_irrigation_for_food_forest).

6.2. Charge avec régulateur de tension

Souvent, l'alimentation d'une simple charge DC sans batterie nécessite un régulateur de tension pour amener la tension des panneaux dans la bonne plage pour le dispositif à alimenter. Cela permet de bénéficier de toute la simplicité et des économies d'un système sans batterie, sans avoir à faire correspondre parfaitement la tension du panneau. Pour les appareils qui ont besoin d'une seule tension spécifique (et non d'une plage de tensions), il faut un régulateur de tension ou un système avec batterie et contrôleur de charge. Dans ce livre, les régulateurs de tension sont considérés comme un sous-ensemble des contrôleurs de charge. Les régulateurs de tension simples sont uniques en ce sens qu'ils ne nécessitent pas de batterie, alors que tous les autres contrôleurs de charge ont généralement besoin d'une batterie.

Pour dimensionner un régulateur de tension :

1. Trouvez un régulateur dont la **tension DC d'entrée** est dans une plage qui correspond à votre panneau solaire. Par exemple, le régulateur de tension de la figure 6.3 accepte 15 à 40V, ce qui correspond à la tension de sortie de 16 à 21V de ce panneau.

2. Trouvez un régulateur avec une **tension DC de sortie** qui correspond au besoin en puissance de la charge. Par exemple, le régulateur de tension de la figure 6.3 produit exactement 12V, ce qui correspond au besoin de la lampe LED.

3. Assurez-vous que le régulateur de tension peut fournir le **courant nécessaire** à la charge. Par exemple, la lampe LED de la figure 6.3 nécessite 0,36 ampère pour une luminosité maximale. Ce régulateur de tension peut fournir jusqu'à 2A, ce qui pourrait alimenter 5 lampes LED (5 LED * 0,36 A/LED = 1,8A).

   Vérifiez que votre ou vos panneaux peuvent fournir le courant nécessaire et le faire dans la plage de tension requise. Il se peut que vous deviez assembler plusieurs panneaux pour répondre à vos besoins. Dans ce cas, voyez nos conseils à la section 7.3.1. Par exemple, le panneau de la figure 6.3 est un panneau de 20W avec un point de puissance maximale à environ 18V et 1,1A. Cela peut permettre d'alimenter pleinement seulement 3 LED (3 LED * 0,36 A/LED = 1,08A), selon l'efficacité et l'équipement électronique du régulateur de tension. Un régulateur de tension de haute qualité serait capable d'alimenter davantage en fonction de la puissance que les régulateurs courants. Dans ce cas, les LED consomment 4,32W (12V * 0,036 A). Ce panneau de 20W pourrait alimenter quatre LED en fonction de la puissance (4LED * 4,32W = 17,28W).

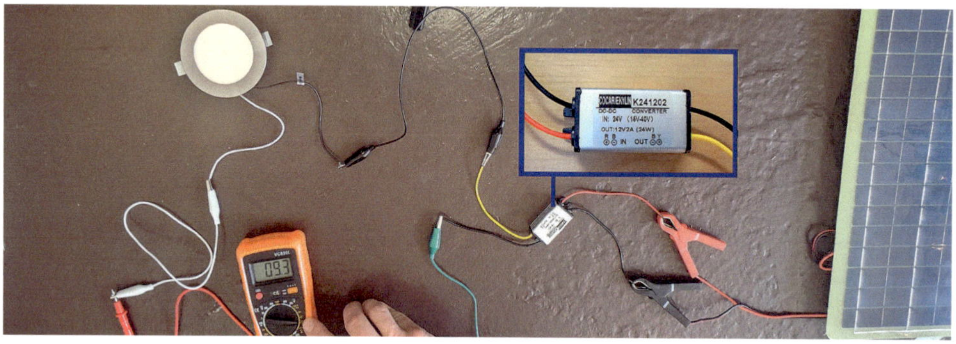

Figure 6.3

Panneau solaire alimentant une LED (à gauche) par l'intermédiaire d'un régulateur de tension (au centre), sans batterie. Ce système pourrait alimenter plus d'une LED.

7. Dimensionnement d'un système avec batteries

Un système avec des batteries présente de nombreux avantages, comme l'accès à l'énergie même lorsque le soleil n'est pas au rendez-vous. Le dimensionnement des systèmes est généralement une approche itérative, et si vous dimensionnez un système basé sur des batteries, les étapes sont généralement les suivantes :

1. Évaluation des besoins
2. Dimensionnement des batteries
3. Dimensionnement des panneaux
4. Dimensionnement du contrôleur de charge
5. Dimensionnement de l'onduleur
6. Dimensionnement des fils et des fiches
7. Dimensionnement des sectionneurs

Le dimensionnement d'un système implique souvent beaucoup de recherche, de calculs et de compréhension. C'est tout à fait à votre portée ! Nous trouvons que c'est un défi passionnant qui devient de plus en plus facile. Vous pouvez consulter les outils de dimensionnement, les calculateurs et les feuilles de calcul disponibles sur le site https :// www.appropedia.org/Solar_photovoltaic_software pour compléter ou remplacer le travail effectué dans cette section.

7.1. Évaluation des besoins (ou audit d'énergie)

Tout appareil qui consomme de l'énergie électrique est appelé une charge (par exemple, une pompe à eau, une télévision, des lumières ou un ordinateur). Dans votre plan, prenez en compte uniquement les appareils que vous voulez alimenter en énergie solaire ou par batterie. Analysez votre propre consommation d'énergie et commencez par réduire autant que possible vos besoins énergétiques. En effet, cet effort réduira la taille de votre système PV et donc vos coûts de démarrage. Par exemple, remplacez votre éclairage incandescent par des lampes LED, ce qui réduit fortement la consommation et donc la taille du système PV dont vous avez besoin. Lorsque vous avez identifié tous les moyens de réduire votre consommation d'énergie,[163] déterminez la puissance (en watts) de chaque appareil ou charge et la durée d'utilisation normale. La plupart des appareils ménagers contiennent une étiquette indiquant la puissance nécessaire. Autres moyens de connaître la puissance nécessaire à un appareil : consultez la fiche technique de l'appareil en ligne, contactez le détaillant ou le fabricant, faites une simple recherche Google, ou mesurez la puissance vous-même avec un wattmètre comme le Kill-a-Watt.[164] Si vous dimensionnez un système pour une maison actuellement raccordée au réseau, vos anciennes factures d'électricité vous donneront une très bonne idée de la quantité d'énergie consommée par votre foyer et vous permettront de dimensionner un système qui compensera tout ou une partie de la consommation d'électricité de votre maison.

L'étape suivante consiste à calculer vos charges AC et DC. Certains systèmes complexes sont moitié AC et moitié DC. Il est plus facile de créer un système entièrement DC ou AC. Il vous faut d'abord dresser la liste de vos charges AC, comme votre sèche-cheveux, votre réfrigérateur ou votre ordinateur. Faites ensuite la même chose pour vos charges DC, si vous en avez. N'oubliez pas que les charges qui se branchent sur une prise murale sont des charges à courant alternatif. Cela dit, certains dispositifs comme les chargeurs d'ordinateurs portables convertissent le courant alternatif en courant continu avant de se brancher sur la charge.

---

163 Pour en savoir plus :https ://www.appropedia.org/Photovoltaic_charge_controllers

164 Instructions pour l'utilisation d'un kill-a-watt : https ://www.appropedia.org/How_to_use_a_KillAWatt_meter

Les charges en courant continu peuvent être additionnées sur une base hebdomadaire pour une estimation facile. Pour ce faire, faites une liste de chaque charge de courant continu et de sa puissance en watts. Ensuite, multipliez chaque charge par le nombre d'heures d'utilisation par jour et par le nombre de jours d'utilisation par semaine pour calculer la consommation d'énergie hebdomadaire de chaque charge. Additionnez toutes les consommations hebdomadaires individuelles en DC pour obtenir la consommation hebdomadaire totale en DC, et divisez par 7 jours/semaine pour obtenir une estimation de votre consommation quotidienne totale en DC. Additionnez également les puissances DC individuelles pour obtenir une puissance DC maximale totale, si toutes les charges étaient allumées en même temps, ou vous pouvez ajouter sélectivement les charges DC maximales à allumer en même temps. Cette valeur totale de puissance DC sera utilisée plus tard pour dimensionner le câblage. Le calcul 1 est un tableau vierge d'analyse de charge DC.

Calcul 1

analyse de charge DC.

Charge DC	Puissance DC (W)	×	Utilisation quotidienne (heuers/journée)	×	Utilisation hebdomadaire (journée/semaine)	=	Utilisation hebdomadaire d'électricité DC (Wh/semaine)
		×		×		=	
		×		×		=	
		×		×		=	
		×		×		=	
		×		×		=	
		×		×		=	
A. Total électricité DC			**Total utilisation hebdomadaire d'électricité DC**				**Wh/semaine**
							7 jours/semaine
			Total utilisation quotidienne d'électricité DC				**Wh/journée**

Tout comme les charges en courant continu, les charges en courant alternatif peuvent être additionnées sur une base hebdomadaire pour une estimation facile en utilisant les mêmes étapes décrites ci-dessus.[165] Cependant, comme les panneaux solaires génèrent du courant continu, ce courant doit être converti par un onduleur pour correspondre aux charges alternatives. Par conséquent, une fois que vous avez calculé la consommation quotidienne totale d'énergie en courant alternatif, vous devez diviser ce chiffre par

165 Pour les petits systèmes avec des onduleurs qui sont toujours allumés, il est utile de tenir compte de la puissance que l'onduleur utilise lorsqu'il est allumé. Pour la majorité des onduleurs, cette valeur n'est que de quelques watts.

le rendement de l'onduleur indiqué par le fabricant[166] afin de calculer la demande quotidienne totale en courant continu après conversion des charges en courant alternatif par l'onduleur. En outre, additionnez les puissances AC individuelles pour obtenir la puissance AC maximale nécessaire si toutes les charges étaient allumées en même temps. Le calcul 2 est un tableau vierge d'analyse de charge AC.

Calcul 2

Analyse de la charge AC

Charge AC	Puissance AC (W)	×	Utilisation quotidienne (heures / jour)		Utilisation hebdomadaire × (jours / semaine)	=	Utilisation hebdomadaire d'électricité (Wh/semaine)
		×			×	=	
		×			×	=	
		×			×	=	
		×			×	=	
		×			×	=	
		×			×	=	
C. Total électricité AC					**Total utilisation hebdomadaire d'électricité AC**		**Wh/semaine**
						÷	7 jours/semaine
					Total demande quotidienne d'électricité AC		**Wh/jour**
					÷ Rendement de l'onduleur		0.9
					D. Total demande quotidienne d'électricité DC de l'onduleur		**Wh/jour**

Veuillez noter que certains appareils complexes ne consomment pas leur puissance nominale en continu et présentent différents cycles d'alimentation. Par exemple, un réfrigérateur ne consomme sa pleine puissance nominale que pendant quelques heures par jour, fonctionnant à pleine puissance à certains moments et à puissance réduite à d'autres moments. Il est plus utile de noter la consommation de ces appareils complexes en une valeur hebdomadaire (en utilisant un compteur ou en consultant par exemple la fiche Energy Star) assortie d'une puissance maximale pour leur courant AC (indiquée habituellement sur l'étiquette noire de l'appareil comme valeur nominale) plutôt que de calculer manuellement la consommation journalière et hebdomadaire.[167]

166 Si vous ne connaissez pas le rendement, vous pouvez indiquer 0,9, c'est une bonne moyenne.

167 Pour plus de détails sur ceci, voir https ://www.appropedia.org/How_to_do_an_electrical_energy_audit

Enfin, additionnez votre consommation quotidienne totale d'énergie en courant continu (à partir du calcul 1) et votre demande quotidienne totale de l'onduleur en courant continu (à partir du calcul 2) pour obtenir votre demande quotidienne totale en courant continu, comme indiqué dans le calcul 3 :

Calcul 3

Demande quotidienne totale en courant continu (Wh/jour)

B. Total consommation quotidienne d'électricité DC	+	D. Total demande quotidienne DC onduleur	=	E. Total demande quotidienne DC
	+		=	Wh/jour

7.2. Dimensionnement des batteries

Pour un système hors réseau, si vous voulez du courant lorsque le soleil n'est pas là, vous aurez besoin d'un stockage (probablement des batteries) pour votre système. Si vous envisagez de réaliser un système alimenté par le réseau, vous pouvez probablement sauter cette étape. Toutefois, si vous avez besoin d'une batterie de secours pour un bâtiment relié au réseau, comme un hôpital, vous devrez également déterminer la taille de la batterie.

Si vous installez un système pour un avant-poste scientifique occupé pendant le week-end, vous pouvez envisager un banc de batteries plus important et un panneau photovoltaïque plus petit, car votre système aura toute la semaine pour charger les batteries et stocker l'énergie. Par contre, si vous ajoutez un groupe de panneaux photovoltaïques en supplément d'un système à générateur, votre banc de batteries peut être légèrement sous-dimensionné puisque le générateur peut être mis en marche si nécessaire pour la recharge.

Pour déterminer le stockage total nécessaire, vous devez d'abord déterminer pendant combien de temps vous souhaitez que l'électricité soit fournie en l'absence de soleil. Cette durée est généralement exprimée en « jours d'autonomie », car elle est basée sur le nombre de jours pendant lesquels vous souhaitez que votre système fournisse de l'énergie sans recevoir de charge d'entrée des panneaux solaires ou du réseau. Vous devez également tenir compte de vos habitudes d'utilisation et de la nature critique de votre application. S'il n'est pas très important pour vous d'avoir de l'électricité tous les jours, vous pouvez compter un petit nombre de jours d'autonomie, même un seul.

Une fois que vous avez déterminé vos jours d'autonomie, multipliez la demande journalière totale de courant DC (Calcul 3, Calcul 4 : demande en énergie (Wh)-E) par le nombre de jours d'autonomie, comme indiqué dans le Calcul 4 :

Calcul 4

Demande d'énergie (Wh)

E. Total demande quotidienne DC (Wh/jour)	X	Jours d'autonomie (Jours)	=	F. Demande en Wh
	X		=	Wh

Pour dimensionner les batteries en fonction de ce Wh, vous devrez ajuster la capacité de la batterie en fonction des températures (s'il peut faire froid dans le lieu de stockage de la batterie) et de sa profondeur maximale de décharge.

Pour ajuster la température, choisissez dans le tableau 7.1 le multiplicateur le plus proche de la température ambiante hivernale moyenne à laquelle vos batteries seront soumises.

Tableau 7.1

Multiplicateurs de température de la capacité de la batterie[168]

Temp (°C)	Chlorure de zinc	Portable scellée NiMH	À électrode en fer	Lithium Ion	Lithium Iron Phosphate	Plomb
-20°C	-	-	-	0,51	-	0,64
-10°C	0,60	0,50	0,5	0,70	0,75	0,76
0°C	0,80	0,80	0,7	0,82	0,91	0,85
10°C	0,97	0,85	0,9	0,89	0,97	0,92
20°C	1,00	0,90	1,00	0,93	1,01	0,98
25°C	1	1	1	1	1	1
30°C	1,10	1,00	1,00	1,00	1,02	1,02
40°C	1,15	1,00	1,00	1,00	1,02	1,04

Ensuite, vous aurez besoin de la limite de profondeur de décharge (DOD) pour les batteries que vous sélectionnez. Cette valeur DOD est généralement comprise entre 0,2 et 0,9 (c'est-à-dire entre 20 et 90%). Vous pouvez déterminer la valeur DOD de votre batterie sur la base des spécifications du fabricant ou d'une moyenne basée sur le type de batterie, comme indiqué au tableau 5.2.

Une fois que vous avez déterminé le multiplicateur de température et la profondeur de décharge, divisez la demande en Wh calculée par la limite de profondeur de décharge, et multipliez par le multiplicateur de température pour déterminer la taille de la batterie de stockage nécessaire, comme indiqué sur le Calcul 5 :

Calcul 5

Capacité nécessaire de la batterie (Wh)

F. Demande en Wh (Wh)	÷	Profondeur de décharge	X	Multiplicateur de température	=	Besoin de stockage en batterie
	÷			X	=	Wh

168 Plus d'informations et d'explications des multiplicateurs pour les batteries à https ://www.appropedia.org/Battery_temperature_to_capacity_tables

Les batteries sont souvent classées en nombre d'ampères-heures (Ah). Souvenez-vous : puissance = ampères x volts ; les unités sont W=A*V. Nous pouvons multiplier les deux côtés de cette équation par les heures pour obtenir Wh=Ah*V et diviser les deux côtés par V pour obtenir : Ah=Wh/V. Ainsi, pour calculer la capacité de batterie nécessaire en ampères-heures, il suffit de diviser la capacité de batterie nécessaire en Wh (Calcul 5-G) par la tension nominale du banc de batteries, comme indiqué sur le Calcul 6.

Calcul 6

Capacité nécessaire de la batterie (Ah)

G. Besoin de stockage en batterie (Wh)	÷	H. Tension nominale du banc de batteries (V)	=	I. Ah nécessaires
	÷		=	Ah

La tension nominale du banc de batteries sera généralement de 12V, 24V ou 48V pour correspondre aux régulateurs de charge habituellement disponibles. De plus, si vous comptez faire fonctionner votre onduleur ou des charges DC directement à partir du banc de batteries, la tension du banc de batteries doit correspondre à la tension de ces charges (par exemple, les onduleurs de voiture sont de 12V, mais de nombreux autres onduleurs peuvent également faire du 24V et du 48V).[169]

Plus les besoins en puissance sont importants, plus la tension doit être élevée. L'augmentation de la tension pour des besoins en puissance plus élevés permet de maintenir un courant plus faible, ce qui permet d'utiliser des fils plus fins (d'où une baisse des coûts). Il en va de même pour la distance entre vos charges et votre onduleur. Il est plus sûr et moins coûteux d'augmenter la tension (et donc de diminuer le courant) pour les systèmes dont les charges et l'onduleur sont plus éloignés de la batterie.

Les seules étapes restantes pour le dimensionnement du stockage par batteries concernent le nombre de batteries en série et en parallèle en fonction des batteries que vous pouvez acheter. Vous pouvez commencer par la taille de batterie nécessaire en Ah et la tension du système pour déterminer les batteries à utiliser, ou vous pouvez commencer par les

169 Notez que la tension nominale du banc de batteries est généralement la même que la tension nominale du générateur photovoltaïque, du contrôleur de charge et de l'onduleur. Dans la plupart des systèmes, tous les éléments sont à la même tension nominale. Cela dit, certains contrôleurs de charge peuvent gérer un panneau photovoltaïque à une tension et un banc de batteries à une autre. Les tensions les plus courantes sont 12V, 24V et 48V.

batteries que vous voulez utiliser. Il peut être utile de répéter les étapes de calcul plusieurs fois.

Pour un petit système, on peut souvent dimensionner une seule batterie pour qu'elle corresponde à la tension du système et au stockage nécessaire, ce qui facilite les calculs et le câblage avec une seule batterie. Si vous trouvez une seule batterie qui répond à vos besoins en tension et en Ah (ou Wh), vous pouvez sauter le dimensionnement du banc de batteries et passer au dimensionnement des panneaux.

7.2.1. Banc de batteries

Si vous avez besoin de plusieurs batteries pour répondre à vos besoins de stockage, vous devrez alors concevoir votre banc de batteries (c'est-à-dire votre ensemble de batteries en série et/ou en parallèle).

Les batteries sont disposées en série pour obtenir la tension du système (rappelez-vous que la tension s'additionne en série), puis ces séries sont disposées en parallèle pour obtenir le stockage nécessaire (rappelez-vous que le courant s'additionne en parallèle). Par exemple, si vous avez des batteries de 12V avec 110Ah de stockage qui doivent être combinées pour former un banc de batteries de 48V avec 220Ah de stockage, vous devez disposer quatre batteries en série pour ajouter aux 48V, et disposer deux branches parallèles pour ajouter les 220Ah nécessaires. Chaque branche en parallèle doit avoir la même tension, donc dans cet exemple, il y aurait huit batteries au total : deux branches en parallèle et chaque branche avec quatre batteries en série.

Pour déterminer le nombre de batteries en série, divisez la tension nominale du banc de batteries par la tension nominale d'une seule batterie comme indiqué au Calcul 7 :

Calcul 7

Batteries en série

H. Tension nominale du banc de batteries (V)	÷	Tension nominale d'une seule batterie	=	J. Batteries en série
	÷		=	batteries

Souvenez-vous : ce nombre doit être un nombre entier tel que 1, 2, 3, etc., car la tension de la batterie s'additionne en série et vous ne pouvez pas avoir une fraction de batterie dans votre système.

Pour déterminer le nombre de branches parallèles, divisez le stockage de batterie nécessaire en Ah par la batterie simple Ah comme indiqué au Calcul 8 :

Calcul 8

Branches parallèles des batteries

I. Stockage en batterie nécessaire (Ah)	÷	Ah batterie unique (Ah/branche)	=	K. Branches en parallèle
	÷		=	Branches

Encore une fois, ce nombre doit être un nombre entier (comme 1, 2, 3, etc.) puisque le courant de la batterie s'ajoute en parallèle et que vous ne pouvez pas avoir une fraction de batterie dans votre système. Si ce chiffre est arrondi à la baisse (par exemple, 2,3 arrondi à 2), nous vous suggérons de chercher d'autres moyens de réduire votre consommation d'énergie ou une batterie légèrement plus grande avant d'arrondir à la hausse. Sinon, vous devez arrondir à l'unité supérieure afin de répondre à votre demande.

Une fois que vous avez votre nombre de branches en parallèle, il suffit de multiplier les batteries en série par le nombre de branches en parallèle pour déterminer le nombre total de batteries, comme indiqué au Calcul 9.

Calcul 9

Total des batteries

J. Batteries en série (nombre entier)	x	K. Branches en parallèle (nombre entier)	=	L. Total batteries
	x		=	batteries

Notez qu'il vous faudra répéter le calcul avec différentes tailles de batteries pour déterminer la taille du banc de batteries qui répond à vos besoins et à votre budget. N'oubliez pas non plus qu'il doit s'agir d'un nombre entier. Remarque : pour des raisons de sécurité et de santé des batteries, ne mélangez pas des batteries différentes. En outre, il est plus sûr d'utiliser des batteries de grande taille plutôt que plusieurs batteries en parallèle, en raison du câblage, de l'exposition et du risque qu'une batterie défectueuse entraîne la décharge des autres batteries dans cette batterie défectueuse.

7.3. Dimensionnement des panneaux

Les panneaux génèrent la puissance de votre système. Pour dimensionner les panneaux d'un système avec batteries et/ou raccordé au réseau (Figures 7.1 et 7.2), vous devez déterminer la taille des panneaux en fonction de la demande quotidienne totale en courant continu.

Figure 7.1
Une grande maison avec un grand système en Californie du nord.

Figure 7.2
Une petite maison énergétique à consommation zéro reliée au réseau en Californie du nord.

L'inefficacité du système augmente le besoin de panneaux supplémentaires. En termes de rendement, l'équilibre du système moyen est de 0,85 (c'est-à-dire 85%), ce qui prend en compte les pertes provenant principalement du contrôleur de charge et de la charge de la batterie (les fils et les connexions jouent également un rôle). Plus le contrôleur de charge est performant, plus l'inefficacité du système est faible. L'utilisation d'un contrôleur de charge MPPT permet d'obtenir un meilleur rendement du système.

Pour déterminer la demande PV quotidienne, divisez la demande quotidienne totale en courant continu d (Calcul 3-E) par le solde de l'efficacité du système comme indiqué au Calcul 10 :

Calcul 10
Demande PV quotidienne

E. Demande quotidienne totale DC (Wh/jour)	÷	Rationalisation du rendement du système	=	M. Demande PV quotidienne
	÷	0.85	=	Wh/jour

Si vous avez une batterie, vous pouvez stocker, produire et utiliser de l'énergie à différents moments de la journée. Les panneaux reçoivent leur énergie du soleil, donc plus il y a de soleil, plus vous avez d'énergie. La valeur de la quantité d'ensoleillement dont vous disposez est décrite dans la section 3.1. Elle est basée sur quelques critères tels que l'irradiation, l'insolation ou les heures d'ensoleillement maximal.[170] Déterminez l'irradiation en faisant des recherches sur votre emplacement et en tenant compte de l'angle de vos panneaux.[171] Plus la position est normale (perpendiculaire) par rapport au soleil, plus l'irradiation est élevée. De plus, les ombres sur votre panneau réduiront votre ensoleillement. Les zones d'ombre doivent être évitées autant que possible, mais si les ombres sont inévitables, assurez-vous d'en tenir compte dans le dimensionnement de vos panneaux. Vous pouvez utiliser un outil tel qu'un capteur solaire[172] pour tracer rapidement les ombres prévues pour chaque mois à votre emplacement, ou simplement faire une estimation basée sur votre connaissance de la trajectoire du soleil dans la région. Les valeurs sont souvent présentées en unités d'heures/jour de plein soleil ou en kWh/m^2/jour et peuvent être déterminées en fonction de votre emplacement et de l'angle de montage du panneau (Tableau 7.2).

Tableau 7.2

Exemple de données d'irradiation (insolation) solaire pour la ville d'Arcata, en Californie (États-Unis), avec ses hivers très nuageux et ses étés plutôt ensoleillés, en unités d'heures/jour de plein soleil ou en kWh/m^2/jour.

Inclinaison	Jan	Fév	Mars	Avril	Mai	Juin	Juill	Août	Sept	Oct	Nov	Dec	Moy.
0	1,8	2,4	3,6	5,0	5,8	6,0	5,9	5,0	4,4	3,1	2,0	1,6	3,9
Latitude	3,0	3,4	4,4	5,3	5,5	5,4	5,4	5,0	5,1	4,1	3,2	2,8	4,4

Pour déterminer le dimensionnement du panneau en termes de puissance nécessaire, il faut diviser la demande PV (Calcul 10-M) par les heures d'ensoleillement maximal (c'est la même valeur que l'irradiation ou l'insolation), comme indiqué au Calcul 11.

Vous pouvez effectuer ces calculs pour chaque mois ou choisir le dimensionnement de votre système en fonction d'un scénario spécifique. Un scénario fréquent et utile consiste à choisir le mois qui présente la combinaison du besoin énergétique le plus élevé et de l'irradiation la plus faible. Par exemple, si vous disposez d'un système de panneaux

170 Notez que souvent, l'irradiation est exprimée en kWh/m^2/jour, mais la valeur est la même pour les unités d'heures/jour d'ensoleillement maximal.

171 Les tableaux d'heures d'ensoleillement maximal ou d'insolation/irradiation se trouvent sur https ://www.appropedia.org/Climate_data#Solar_insolation. En outre, vous devrez tenir compte de l'angle du panneau et des éventuelles zones d'ombre. L'angle du panneau est décrit dans les sources de données d'irradiation solaire.

172 Comment utiliser un capteur solaire : https ://www.appropedia.org/Solar_pathfinder

plats à l'emplacement mentionné dans le tableau 7.2, qui alimente des éclairages que vous utilisez tous les soirs, il serait préférable de concevoir le système aux alentours du mois de décembre avec seulement 1,6 heure/jour de plein soleil, car c'est le mois où l'ensoleillement quotidien est le plus faible. Ainsi, vous aurez toujours suffisamment de courant pour vos lampes le reste de l'année. Autre exemple : pour concevoir un système avec des panneaux plats qui sera utilisé uniquement en été (comme un centre de retraite d'été), vous pouvez utiliser comme base le mois de mai avec 5,8 heures/jour de plein soleil (Tableau 7.2).

Calcul 11

Puissance nécessaire du réseau

M. Demande quotidienne PV (Wh/jour)	÷	Heures d'ensoleillement maximal (h/jour)	=	N. Puissance nécessaire du champ
	÷		=	W

Pour déterminer le nombre de panneaux, il suffit de diviser la puissance nécessaire du réseau (Calculer 11-N) par la puissance des panneaux que vous envisagez d'acheter ou que vous possédez déjà, comme indiqué dans le calcul 12.

Soit vous savez déjà quels panneaux vous utilisez, vous bénéficiez d'une remise, vous en avez trouvé, ou vous attendez de voir la puissance dont vous avez besoin avant de faire votre achat. Maintenant, c'est à vous de jouer !

Calcul 12

Nombre de panneaux à prévoir

N. Puissance nécessaire du champ	÷	Puissance électrique des panneaux	=	O. Total panneaux
	÷		=	Panneaux

Le nombre total de panneaux devra être un nombre entier, car vous ne pouvez pas avoir une fraction de panneau. Essayez les différentes puissances de panneaux qui vous sont proposées afin de trouver la meilleure solution pour votre système. Ensuite, arrondissez au nombre entier le plus proche. Pour un petit système, vous pouvez souvent prévoir un seul panneau photovoltaïque en fonction de la puissance nécessaire, ce qui facilite les calculs et le câblage. Si vous trouvez un seul panneau qui répond à vos besoins en puissance (W), vous pouvez alors sauter le dimensionnement du réseau photovoltaïque (Section 7.3.1) et passer aux spécifications d'un réseau photovoltaïque (Section 7.3.2).

7.3.1. Réseau photovoltaïque

Si vous avez besoin de plus d'un panneau (Calcul 12-O), vous devrez alors disposer votre installation photovoltaïque en série et/ou en parallèle. Si vous avez dimensionné votre système de manière à ce qu'un seul panneau soit nécessaire, vous pouvez sauter cette section.

Rappelez-vous que la tension s'additionne en série et que le courant s'additionne en parallèle. Si vous voulez plusieurs branches parallèles, chacune d'elles doit avoir le même nombre de panneaux connectés en série. Par conséquent, le nombre total de panneaux est égal au nombre de panneaux connectés en série multiplié par le nombre de branches parallèles, comme indiqué au calcul 13.

Par exemple, un réseau de six panneaux pourrait être disposé de la manière suivante :

- une branche de six panneaux en série (tension la plus élevée, courant le plus faible)
- deux branches parallèles de trois panneaux en série
- trois branches parallèles de deux panneaux en série
- ou six branches parallèles avec chacune un seul panneau (tension la plus basse, courant le plus élevé)

La même puissance totale sera produite par n'importe lequel de ces arrangements.

Calcul 13
Panneaux photovoltaïques en série et en parallèle

P. Panneaux en série	x	Q. Branches parallèles	=	O. Total panneaux
	x		=	Panneaux

Le produit des panneaux en série fois les branches parallèles (Calcul 13-O) doit être égal au total des panneaux du Calcul 12-O.

Vous devrez itérer la disposition des panneaux en fonction des régulateurs de charge disponibles. Vous devrez vous assurer que la tension totale en circuit ouvert des panneaux en série est inférieure à la tension d'entrée photovoltaïque maximale du régulateur de charge, et que le courant total des branches en parallèle (multiplié par un facteur de sécurité, généralement 1,25) est inférieur au courant d'entrée photovoltaïque maximal du régulateur de charge. En outre, les panneaux en série nécessitent des fils et des fusibles plus petits que les panneaux en parallèle, car la taille des fils et des fusibles est basée sur le courant.

Une fois que vous avez déterminé la disposition, ce qui est souvent une approche itérative, vous pouvez passer aux spécifications du réseau photovoltaïque qui renseigneront la plupart des autres éléments de votre système.

7.3.2. Spécifications du réseau photovoltaïque

Pour déterminer les spécifications de votre panneau, vous devez connaître le nombre de panneaux en série et de branches en parallèle (qui peut être d'un seul, si vous avez dimensionné un petit système) et multiplier ce nombre par les spécifications du fabricant (valeur indiquée à la figure 4.8).

Pour déterminer la tension en circuit ouvert du réseau, multipliez le nombre de panneaux en série par la tension en circuit ouvert (V_{OC}) spécifiée par le fabricant de votre/vos panneau(x) :

Calcul 14

Tension en circuit ouvert du réseau (V_{OC})

P. Panneaux en série	x	Panneau V_{OC} (V)	=	R. Champ V_{OC}
	x		=	V

Pour déterminer le courant de court-circuit du réseau, multipliez le nombre de branches parallèles par le courant de court-circuit (I_{SC}) et un facteur de sécurité (généralement

1,25). Ce facteur de sécurité permet de tenir compte des situations où les panneaux sont en surproduction. Ces situations peuvent être dues à la réflexion du soleil sur un bâtiment voisin ou à un effet de lentille dû à des nuages qui concentrent l'irradiance du soleil à plus de 1000 W/m^2.

Calcul 15

Courant de court-circuit du réseau avec facteur de sécurité (I_{SC})

Q. Branches parallèles	x	Panneau I_{SC} (A)	x	Facteur de sécurité	=	S. Courant de sécurité du champ
	x		x	1.25	=	A

Ces valeurs entreront en jeu dans les sections suivantes.

Ce peut être un bon moment pour rafraîchir les connaissances sur l'ajout de tension en série et l'ajout de courant en parallèle de la section 4.2.

7.4. Dimensionnement du contrôleur de charge

Les contrôleurs de charge régulent la tension de vos panneaux pour éviter la destruction d'autres composants du système tels que les batteries, les charges et les onduleurs. En outre, certains contrôleurs de charge peuvent également protéger les batteries contre un drainage excessif par les charges. Dans la plupart des systèmes, le contrôleur de charge régule le courant et la tension de la batterie (Section 7.4.1) afin de protéger le système. De plus, le contrôleur de charge régule les courants de charge afin de protéger les batteries contre une décharge excessive (Section 7.4.2). Assurez-vous que votre régulateur de charge est conçu pour fonctionner avec le type de batterie que vous choisissez, car les différents types de batterie requièrent des profils de charge différents (par exemple, les batteries ouvertes plomb-acide par rapport aux batteries lithium fer phosphate).

7.4.1. Courant et tension du réseau du contrôleur de charge

La première étape consiste à dimensionner le contrôleur de charge pour le courant[173] et la tension maximum du réseau. Vous avez déjà déterminé ces données aux Calculs 15-S et 14-R.

Tableau 7.3
Courant et tension du réseau PV du contrôleur

		S. Courant de sécurité du champ
Contrôleur de courant du champ PV	=	**A**
		R. Champ V_{OC}
Contrôleur de tension du champ PV	=	**V**

Vous devez également confirmer que votre contrôleur de charge correspond au type de batterie et à la tension nominale du banc de batteries du Calcul 6-H. Si vous utilisez uniquement le contrôleur de charge pour réguler la puissance des panneaux, vous avez terminé de dimensionner le régulateur et pouvez passer à la section 7.5 Dimensionnement de l'onduleur.

7.4.2. Courant des charges adapté au contrôleur de charge

Si vous souhaitez que le contrôleur de charge gère également les charges, vous devrez dimensionner les charges pour le contrôleur. Les charges de forte puissance consomment souvent plus de courant que le régulateur de charge ne peut en supporter. Pour éviter cela, les charges de plus forte puissance (et donc de plus fort courant) peuvent être connectées en parallèle avec la batterie. Les charges connectées en parallèle avec la batterie ne seront plus contrôlées par le contrôleur de charge, mais bénéficieront toujours de la tension régulée et de l'énergie stockée par la batterie.

Vous pouvez choisir les appareils que le contrôleur de charge va contrôler et connecter uniquement ces appareils au contrôleur de charge. Connectez le reste des appareils

173 Si vous choisissez un contrôleur de charge MPPT, vous n'avez pas besoin d'inclure le facteur de sécurité. Par conséquent, le courant du réseau peut être simplement le nombre de branches multiplié par le courant de court-circuit au Calcul 15. Cela peut entraîner une certaine perte d'énergie (pour un courant supérieur au courant MPPT), mais n'endommagera pas le système.

directement à la batterie à fusible. Le dimensionnement de la charge du contrôleur peut être trop important si vous vous basez sur la puissance maximale des feuilles de calcul de la charge.

Il est possible que votre système n'ait jamais tous les appareils fonctionnant à la puissance maximale en même temps ; dans ce cas, additionnez la puissance maximale en AC et en DC selon le nombre maximal d'appareils qui vont fonctionner simultanément, selon votre analyse.

Pour calculer le courant de charge maximal du contrôleur de charge à partir de l'onduleur, divisez la puissance AC à contrôler (Calcul 2-C)[174] par la tension de l'onduleur (qui est généralement de 12V, 24V ou 48V et doit correspondre à la tension de la batterie) et le rendement de l'onduleur utilisé dans le calcul 2 [175] :

Calcul 16

Contrôleur - Charge de courant continu de l'onduleur

C. Total courant AC (W)	÷	Courant de l'onduleur (V)	÷	Rendement de l'onduleur	=	T. Charge DC max pour AC
	÷		÷	0.9	=	A

Pour calculer le courant de charge maximal du contrôleur de charge à partir de dispositifs purement DC, divisez la puissance DC totale à contrôler[176] (Calcul 1-A) par la tension DC (généralement 12V, 24V ou 48V et doit correspondre à la tension de la batterie) :

174 N'oubliez pas qu'il peut s'agir de toutes les charges AC activées en même temps selon l'évaluation des besoins, ou d'un plus petit nombre de charges.

175 Pearsall, N. (Ed.). (2016). The performance of photovoltaic (PV) systems : Modelling, measurement and assessment. Cambridge, England : Woodhead Publishing. Figure 1.4 https ://doi.org/10.1016/C2014-0-02701-3

176 N'oubliez pas qu'il peut s'agir de toutes les charges DC activées en même temps selon l'évaluation des besoins, ou d'un plus petit nombre de charges.

Calcul 17

Contrôleur - Charge de courant continu des charges DC

A. Total courant DC (W)	÷	Tension DC du contrôleur (V)	=	U. Charge DC max pour DC
	÷		=	A

Enfin, la charge DC maximale du contrôleur de charge est simplement la somme de la charge maximale de l'onduleur pour les charges AC et de la charge maximale des charges purement DC :

Calcul 18

Charge totale de courant continu du contrôleur

T. Charge DC max pour AC	+	U. Charge DC max pour DC	=	V. Total charge DC Max (A)
	+		=	A

Cette charge totale maximale en courant continu est très probablement trop importante pour votre contrôleur de charge. Si elle est trop importante, vous pouvez dimensionner un contrôleur plus grand, connecter plusieurs contrôleurs de charge en parallèle (si l'architecture du système le permet), trouver des charges plus efficaces, adopter des modes d'utilisation plus conservateurs ou, mieux, connecter une partie ou la totalité des charges en parallèle avec la batterie au lieu de les contrôler à partir du contrôleur de charge. N'oubliez pas que si vous connectez vos charges directement à la batterie, vous n'aurez rien pour protéger votre batterie contre une décharge excessive. Une décharge excessive de vos batteries peut réduire considérablement leur durée de vie. Veillez donc à surveiller manuellement la tension de vos batteries et à ajuster votre consommation d'énergie pour maintenir une tension correcte (généralement supérieure à 11V pour un banc de batteries de 12V). Notez que contrairement à la plupart des charges, beaucoup d'onduleurs sont équipés d'un sectionneur de basse tension intégré.

7.5. Dimensionnement de l'onduleur

Un onduleur convertit le courant continu produit par les panneaux solaires en courant alternatif pour vos appareils électriques classiques. Il y a quelques facteurs à prendre en compte pour dimensionner votre onduleur. Par exemple, vous ne devez alimenter que la puissance maximale qui sera utilisée simultanément. Pour certains systèmes, cette valeur sera inférieure à la puissance totale en courant alternatif (par exemple, un système où seules les lumières sont allumées la nuit et les ventilateurs le jour). En outre, certains appareils ont besoin d'une grande puissance de surtension (par exemple, les outils électriques). Les onduleurs sont également classés en fonction de la surtension qu'ils peuvent supporter.

Le dimensionnement d'un onduleur est généralement aussi simple que de multiplier la puissance AC maximale (Calcul 2-C)[177] par un facteur de sécurité de l'onduleur de 1,25 :

Calcul 19

Taille de l'onduleur en watts

C. Total courant AC (W)	x	Facteur de sécurité de l'onduleur	=	W. Taille de l'onduleur en watts
	x	1.25	=	W

Si vous voulez que l'onduleur soit dimensionné en ampères, il suffit de diviser par la tension de l'onduleur, qui est généralement la même que la tension nominale du banc de batteries (et qui est toujours la même si l'onduleur est connecté aux batteries au lieu du contrôleur de charge) :

Calcul 20

Taille de l'onduleur en ampères

W. Taille de l'onduleur en watts	÷	Tension de l'onduleur (V)	=	X. Taille de l'onduleur en ampères
	÷		=	A

177 Vous pouvez également choisir de ne permettre la mise sous tension que d'une fraction des charges AC à la fois afin de concevoir un système plus petit... mais vous devrez vous assurer que l'on n'utilise pas plus de charges simultanément.

Votre onduleur doit avoir la tension et la taille appropriées.

Note : si vous avez des appareils à forte surtension, tels que des outils électriques, vous devrez également additionner tous les watts de surtension et vous assurer que votre onduleur est conçu pour les couvrir.

7.6. Dimensionnement des fils et des fiches

Les fils et les fiches acheminent le courant là où vous le voulez. Les fils et les fiches sont classés en fonction de leur tension et de leur courant. Les prises peuvent également être spécifiques à la tension et au courant alternatif ou continu.

Les fils font pour la charge électrique ce que les tuyaux font pour l'eau. Pour les fils comme pour les tuyaux, il y a une limite de pression (en électricité, la tension) et leur diamètre (en électricité, le calibre) détermine la pression qu'ils peuvent supporter. Le calcul de cette relation entre le matériau, le diamètre et la longueur du fil est intéressant et est assez similaire pour les tuyaux, mais nous suggérons d'utiliser un tableau traditionnel de longueur de fil comme celui du tableau 7.4 (également appelé tableau d'ampérage). Afin de maintenir vos coûts à un niveau bas, vous voulez que vos longueurs de fil soient courtes et que vos courants soient faibles.

Les tableaux de longueur des fils sont basés sur la tension, le courant et la longueur. Vérifiez la tension et le courant maximal pour chaque endroit où vous avez besoin de câbles ; par exemple, des panneaux solaires au contrôleur de charge, du contrôleur de charge aux batteries, du contrôleur de charge aux charges, etc. Ces valeurs se trouvent dans les sections de dimensionnement précédentes.

Par exemple, selon le tableau 7.4, si le courant maximal de votre onduleur est de 15A, et que l'onduleur est à 3 mètres, vous aurez besoin d'un fil de calibre 10, car la longueur aller-retour est de 6 mètres.

Tableau 7.4

Taille des fils en fonction de la longueur du trajet aller-retour pour différents courants dans un système DC 12V.[178]

	Taille AWG basée sur le courant maximal (A) pour un système 12V DC (3% de perte maximum)							
Longueur du trajet (aller-retour)	5A	10A	15 A	20A	25A	30A	40A	50A
4,5 m	16	12	10	10	8	8	6	6
6 m	14	12	10	8	8	6	6	4
7,5 m	14	10	8	8	6	6	4	4
9 m	12	10	8	6	6	4	4	2
12 m	12	8	6	6	4	4	2	2
15 m	10	8	6	4	4	2	2	1
18 m	10	6	4	4	2	2	1	1/0
21 m	8	6	4	2	2	2	1/0	2/0
24 m	8	6	4	2	2	1	1/0	2/0
27 m	8	4	2	2	1	1/0	2/0	3/0

Vous devrez utiliser des fiches qui sont standard pour votre courant et votre tension afin qu'elles ne soient pas accidentellement mal utilisées. Comme pour les fils, vous devez vous assurer que la fiche que vous utilisez est conçue pour supporter ou dépasser la tension et le courant qui seront connectés à la fiche. Contrairement aux fils, vous n'aurez pas besoin de tenir compte des longueurs.

178 Vous trouverez d'autres tableaux et formules sur le site https ://www.appropedia.org/Wire_length_tables

7.7. Dimensionnement des sectionneurs

Les sectionneurs agissent comme un interrupteur pour allumer (fermer le circuit) ou éteindre (ouvrir le circuit) votre courant. Les sectionneurs peuvent être placés par sécurité, par exemple pour déconnecter les batteries ou les panneaux, ou par commodité, par exemple pour allumer et éteindre vos charges. Pour déterminer la taille de vos sectionneurs, vous utilisez la tension et le courant maximal pour l'emplacement de chaque sectionneur.

Voici les éléments les plus fréquemment branchés à un sectionneur et comment les dimensionner :

Pour un **sectionneur de panneaux photovoltaïques,** vous choisirez un sectionneur capable de gérer le courant maximal et la tension maximale du réseau selon la section 7.3.2 - Spécification du réseau photovoltaïque. Le courant est généralement le facteur limitant et a été déterminé avec un facteur de sécurité dans le Calcul 15-S. Un sectionneur de réseau PV est important pour la sécurité et la maintenance du système.

Pour un **sectionneur de batterie,** vous choisirez un sectionneur qui est égal ou supérieur au courant du contrôleur de charge. Si vous avez d'autres charges connectées à votre batterie, assurez-vous qu'elles fonctionnent avec le courant du contrôleur de charge, ou connectez-les à la batterie avec un fusible séparé. Un sectionneur de batterie, tel qu'un fusible ou un disjoncteur, permet de protéger la batterie contre les courts-circuits. N'oubliez pas que la batterie est le composant le plus dangereux de votre système.

Pour un **sectionneur d'onduleur** séparé, vous choisirez un sectionneur capable de gérer les ampères de l'onduleur figurant dans Calcul 20-X. Un sectionneur d'onduleur est généralement inutile, car de nombreux onduleurs contiennent leur propre fusible.

Si vous souhaitez poser un fusible sur une **charge individuelle,** utilisez la tension et calculez le courant maximal pour cette charge (puissance maximale en watts divisée par la tension) pour déterminer la taille du coupe-circuit. Un sectionneur pour une charge individuelle peut être intéressant pour des raisons de commodité (par exemple, une ampoule électrique) ou de sécurité (par exemple, une prise avec une charge importante ou un danger lié à l'eau, auquel cas vous voudriez un disjoncteur de contrôle de fuite de terre).

8. Bon à savoir également

8.1. Utilisation de vieux panneaux

Des panneaux utilisés se retrouvent de plus en plus souvent dans le flux des déchets et sur le marché. Cette tendance va très probablement se poursuivre, car de plus en plus de systèmes sont installés et les rendements et les coûts continuent de s'améliorer. Nous avons examiné de nombreux panneaux qui, après vingt ans, produisent encore plus de 80 % de leur puissance maximale spécifiée. Voici quelques remarques sur l'utilisation des vieux panneaux :

1. **Vérification rapide** : Vérifiez l'I_{SC} et le V_{OC} à l'aide d'un multimètre avec le panneau perpendiculaire au plein soleil. Ces éléments sont faciles à vérifier et donnent une idée de l'intérêt d'un examen plus approfondi du panneau. Assurez-vous que votre multimètre est conçu pour un courant plus élevé que l'I_{SC} indiqué sur le panneau.

2. **Vérification plus approfondie :** Pour vérifier l'état de santé complet du panneau, vous pouvez construire une courbe IV (Section 4.4) en utilisant un rhéostat, ou vous pouvez trouver une charge (une lampe à incandescence, par exemple) dont le courant nécessaire est proche de l'I_{MPP} indiqué sur le panneau. Cela dit, si vous savez exactement comment vous allez l'utiliser, vous pouvez simplement faire un test pour vous assurer qu'il peut supporter la charge et décider qu'il est valable.

3. **Combiner des panneaux :** Si vous voulez combiner des panneaux, retournez à la section 4.2 sur l'installation en série et en parallèle. Chacune de vos branches doit avoir une tension similaire et chacun de vos panneaux dans une branche doit produire un courant similaire.

8.2. Unités en électricité

Comme vous l'avez probablement remarqué, le monde est rempli d'unités et de préfixes importants liés à l'électricité et au photovoltaïque. Les tableaux suivants sont des listes non exhaustives des unités les plus pertinentes.

Tableau 8.1
Unités d'électricité[179]

Paramètre (symbole)	Unité de mesure (symbole)	Description électrique	Analogique de l'eau
Tension (V)	volt (V)	Différence (potentielle) de pression due à la différence de charge. V=I*R	Hauteur d'eau : Différence (potentielle) de pression due à la différence de hauteur.
Courant(I)	amp (A)	Flux de charge en charge/temps ou coulombs/sec. I=V/R	Débit : Débit d'eau en volume par temps, p.ex. litres/sec.
Résistance (R)	ohm (Ω)	Opposition au flux de charge. R=V/I	Friction : Opposition au flux d'eau
Puissance (P)	watt (W)	Taux ou travail ou transfert d'énergie, stockage, etc. Puissance=énergie/temps également P=I*V	Puissance : Puissance=Débit (Q) * Pression (H)
Énergie (E)	wattheure (Wh)	La capacité de travailler. E=P*t(où t est le temps)	Énergie : La capacité de travailler

Tableau 8.2
Multiples et sous-multiples des unités d'électricité[180]

179 Voir https ://www.appropedia.org/Plug_type_and_voltage_by_country the plug type, voltage, and frequency used in the region you are designing for.

180 Voir https ://www.appropedia.org/Powers_of_10 pour en savoir plus.

Préfixe	Symbole	Multiplicateur	Puissance de 10	Symbole de puissance	Description (ordre de grandeur)
Tera	T	1 000 000 000 000	10^{12}	TW	Ordre de grandeur nécessaire pour alimenter le monde en électricité
Giga	G	1 000 000 000	10^{9}	GW	La taille des installations de production PV en Chine
Mega	M	1 000 000	10^{6}	MW	La taille d'une grande ferme solaire est d'environ 10MW
Kilo	k	1 000	10^{3}	kW	La taille des systèmes qui peuvent alimenter complètement une maison
Aucun	aucun	1	10^{0}	W	Puissance suffisante pour un appareil portable
Centi	c	1/100	10^{-2}	cW	Un dispositif de très faible puissance, comme une lampe de poche LED
Milli	m	1/1000	10^{-3}	mW	Un appareil auditif ordinaire consomme moins de 1mW
Micro	µ	1/1000000	10^{-6}	µW	De très petites cellules solaires utilisées comme capteurs, quelques dizaines nécessaires pour les implants médicaux

Voici quelques autres unités utilisées en relation avec le photovoltaïque :

Spectre AM1.5 - Les spectres G-173 de l'American Society for Testing and Materials (ASTM) représentent l'irradiance énergétique spectrale du soleil terrestre sur une surface d'orientation spécifique dans un et un seul ensemble de conditions atmosphériques spécifiées. Les conditions choisies étaient une moyenne raisonnable pour les 48 États américains contigus sur une période d'un an. L'angle d'inclinaison choisi correspond approximativement à la latitude moyenne des États-Unis contigus.[181]

kW(p) - la puissance de crête d'un système PV lorsqu'il est entièrement perpendiculaire au soleil lors d'une journée sans nuage (par exemple, sous STC).

Conditions d'essai standard (STC) - température ambiante, 1000 W/m^2 d'énergie solaire avec un spectre AM1.5.

181 https ://www.nrel.gov/grid/solar-resource/spectra-am1.5.html

Kilowatt-heure (kWh) - la quantité d'énergie électrique consommée par un circuit électrique pendant une période donnée. Il est égal à 1000 Wh et figure habituellement sur les factures d'électricité des ménages.

8.3. Aspect économique

En fin de compte, l'une des principales raisons pour lesquelles les gens adoptent le solaire photovoltaïque pour leurs applications est d'ordre économique. Il peut être difficile de comprendre les aspects économiques du photovoltaïque, car la technologie dure tellement longtemps que les taux d'actualisation et les taux d'intérêt peuvent jouer un rôle important et la plupart des gens ne les comprennent pas, tout simplement. En fait, vous voulez savoir si le solaire rendra l'électricité moins chère que les autres options. La bonne nouvelle, c'est que, pour la plus grande partie du monde et pour la majorité des applications, la réponse est « Oui » ! Pour certaines applications, c'est même un « OUI » en majuscules : le solaire écrase littéralement les coûts des sources d'électricité existantes. Par exemple toute application utilisant des piles conventionnelles achetées dans le commerce fonctionnera à un coût nettement inférieur avec un petit système PV.

8.3.1. Coût d'une pile jetable par kWh

Une pile Duracell AA[182](pile alcaline au dioxyde de manganèse MN1500) à une consommation constante de 250 mW durera environ 10,5 heures, soit environ 2,625 mWh ou 2,625 Wh ou seulement 0,002625 kWh. Si vous utilisez les piles de manière plus intensive, vous obtenez encore moins d'électricité. Par exemple, à 500mW, la pile durera moins de quatre heures, ce qui est moins de 2000mWh. Le meilleur prix que nous avons trouvé sur Amazon[183] était un pack de 48 piles pour 18,99US$, soit 0,40US$ par pile. Donc, 0,40 US$/0,002625 kWh = 152,38 US$/kWh ! Utiliser des piles jetables

182 https ://www.duracell.com/en-us/techlibrary/product-technical-data-sheets

183 https ://www.amazon.com/Energizer-Batteries-Double-Battery-Alkaline/dp/B079GXSFPB/

pour une application, quelle qu'elle soit, est économiquement insensé. Le solaire, par contre, ne coûte que quelques cents par kWh. Comment savoir que lorsque l'on achète une cellule solaire, ce n'est pas l'électricité solaire que l'on achète ? Nous devons calculer le coût actualisé de l'électricité.

8.3.2. Coût actualisé de l'électricité

Pour les systèmes de plus grande taille, la faisabilité économique des projets PV est de plus en plus évaluée sur la base du coût actualisé de production de l'électricité (LCOE) pour que le photovoltaïque soit comparé à d'autres technologies de production d'électricité. Malheureusement, il y a un manque de clarté dans la communication des hypothèses, des justifications et des degrés d'exhaustivité dans les calculs de LCOE, ce qui produit des résultats très variables et contradictoires. Une étude récente[184] de la méthodologie utilisée pour calculer correctement le LCOE du solaire photovoltaïque a montré que le PV est économique presque partout ; cette étude sera utilisée comme base pour notre discussion ici.

Compte tenu de l'état de l'art de la technologie PV et des conditions de financement favorables, il est clair que le PV a déjà atteint la parité avec le réseau dans la plupart des régions. À mesure que les coûts d'installation continuent de baisser, que les prix de l'électricité du réseau continuent d'augmenter et que l'expérience du déploiement de l'industrie photovoltaïque s'accroît, le photovoltaïque deviendra la source d'électricité dominante sur le réseau principal dans des régions géographiques de plus en plus étendues. Mais qu'en est-il de votre propre projet ? Comment calculez-vous le LCOE de ce projet ?

Pour calculer le LCOE, il faut prendre en compte le coût du système de production d'énergie et l'énergie produite pendant sa durée de vie pour fournir un coût en $/kWh (ou $/MWh ou cents/kWh). Nous allons présenter trois méthodes : 1) le calcul approximatif, 2) la feuille de calcul LCOE, et 3) le Modèle du conseiller système (SAM). Elles sont classées par ordre de complexité et de fiabilité. Par exemple, si vous voulez simplement savoir si vous devez investir dans un seul mini-module pour charger votre téléphone

184 K. Branker, M.J.M. Pathak, J.M. Pearce, A Review of Solar Photovoltaic Levelized Cost of Electricity, *Renewable and Sustainable Energy Reviews, 15*, pp.4470-4482 (2011). https ://mtu.academia.edu/JoshuaPearce/Papers/1540664/A_Review_of_Solar_Photovoltaic_Levelized_Cost_of_Electricity

portable, la méthode 1 est probablement plus que suffisante. Si vous envisagez un système pour vous-même, la méthode 2 suffira. Enfin, si vous prévoyez de déployer une grande série de systèmes PV financés par une banque dans de nombreuses communautés, la méthode 3 (SAM) est le meilleur choix.

8.3.3. La méthode de calcul approximatif

Pour avoir une idée de base du LCOE de votre système PV, vous pouvez faire un calcul approximatif.

L'équation de base pour un LCOE = Coût total / Énergie totale produite.

Le coût total peut être considéré comme le coût d'investissement de votre système photovoltaïque. L'énergie totale produite = Durée de vie du système en années × énergie produite par votre système par an.

Supposons que vous avez acheté un système photovoltaïque composé d'un module de 200W et d'une petite batterie pour 350$ et que vous vivez au centre de l'Inde. Selon la figure 3.23, vous obtenez environ 1700 kWh/m^2/an ou autant d'heures d'ensoleillement par an. La plupart des PV dureront facilement 20 ans ou plus. Ainsi, l'énergie totale que vous pourriez produire serait de 20 ans x 1700 kWh/kW/an x 0,2kW=6 800 kWh

Le coût par kWh est donc de 350$/6 800kWh = 0,05$/kWh

Il s'agit d'une valeur approximative et du cas le plus simple où vous disposez de l'argent (par exemple, aucun financement n'est nécessaire), où il n'y a aucune dégradation, etc.

Si vous souhaitez inclure ces variables, vous devez essayer la méthode de la feuille de calcul.

8.3.4. Méthode de la feuille de calcul

Sachant que le LCOE est un outil d'analyse comparative, les hypothèses retenues sont très sensibles, surtout lorsqu'elles sont extrapolées sur plusieurs années. Les hypothèses doivent donc être formulées de manière aussi précise que possible. En particulier dans le cas des technologies d'énergie renouvelable, comme le solaire photovoltaïque, qui sont gourmandes en capital et dont la maintenance est négligeable (par exemple, il n'y a pas de coûts de combustible), il est important de partir des hypothèses appropriées lors de la comparaison des systèmes.

Lorsque vous déterminez un LCOE pour le solaire photovoltaïque pour vous-même ou pour d'autres personnes, vous devez inclure clairement les hypothèses et les spécifications qui rendent chaque calcul unique. Ainsi, lorsqu'une valeur est exprimée, elle doit également inclure clairement :

1. La technologie solaire PV et le taux de dégradation (par exemple, c-Si ou a-Si :H, et taux de dégradation de 0,5 %/an, etc.)

2. Échelle, taille et coût du projet PV [y compris la ventilation des coûts] (résidentiel, commercial, échelle de service public/# kW, # MW, $/Wp).

3. Indication de la ressource solaire : facteur de capacité (mesure de l'énergie solaire collectée en termes d'énergie produite divisée par la capacité installée), isolation solaire, situation géographique et pertes d'ombrage.

4. Durée de vie du projet et conditions de financement (qui ne sont pas nécessairement égales).

5. Conditions financières : financement (taux d'intérêt, durée, ratio capitaux propres/dette, coût du capital), et taux d'actualisation.

6. Conditions supplémentaires : inflation, incitations, crédits, taxes, dépréciation, crédits carbone, etc. (il n'est pas nécessaire de les inclure dans l'analyse, mais il faut préciser si elles sont incluses ou non).

Ainsi, les auteurs doivent suggérer le degré d'applicabilité de leur analyse afin de ne pas faire de fausses suppositions quant à leurs décisions.

Une calculatrice simple et gratuite à code source ouvert est fournie sur Appropedia pour trouver le LCOE d'un système solaire PV.[185] Le scénario par défaut est celui d'un système situé à Kingston, Ontario, Canada. La section « hypothèses et sources » de la calculatrice donne des indications sur la manière de modifier les entrées en fonction du lieu. Les équations primaires sont présentées à la figure 8.2. Les lecteurs qui n'ont pas de connaissances approfondies en mathématiques ne doivent pas être intimidés par l'équation. Nous l'avons délibérément insérée dans une feuille de calcul soigneusement verrouillée pour éviter que quiconque ne perturbe le calcul primaire.

$$LCOE = \frac{\sum_{t=0}^{T} \frac{C_t}{(1+r)^t}}{\sum_{t=0}^{T} \frac{E_t}{(1+r)^t}}$$

$$LCOE = \frac{\sum_{t=0}^{T} \frac{I_t + O_t + M_t + F_t}{(1+r)^t}}{\sum_{t=0}^{T} \frac{E_t}{(1+r)^t}} = \frac{\sum_{t=0}^{T} \frac{I_t + O_t + M_t + F_t}{(1+r)^t}}{\sum_{t=0}^{T} \frac{S_t (1-d)^t}{(1+r)^t}}$$

Nomenclature

T	durée de vie du projet (années)
t	Année t
Ct	Coût net du projet pour t ($)
Et	Énergie produite pour t ($)
It	Investissement initial/coût du système, y compris construction, installation, etc.($)
Mt	Coûts de maintenance pour t ($)
Ot	Coûts d'exploitation pour t ($)
Ft	Charges d'intérêts pour t ($)
r	Taux d'actualisation pour t ($)
St	Rendement énergétique nominal annuel pour t (kWh/an)
d	Taux de dégradation (%)

1.Home | 2.Introduction | 3.Inputs | 4.Executive Summary | 5.Projected Savings | **6. Assumptions & Sources**

Figure 8.2
Capture d'écran du tableur LCOE montrant les onglets et l'équation primaire.

Cette feuille de calcul se compose de six pages, ou onglets, dont cette page d'accueil. La page d'introduction donne un aperçu du LCOE et un exemple. Sur la page de saisie, saisissez les meilleures estimations pour votre projet dans les cellules orange (et modifiez les cellules violettes par défaut si nécessaire) (voir table 8.3 pour la légende du code couleur). Un résumé de vos coûts et bénéfices basés sur les valeurs saisies dans la page de saisie est fourni sur la page de résumé. Les analyses économiques et environnementales

185 https ://www.appropedia.org/File :ECM032_-_Solar_PV_LCOE.xls

détaillées qui sous-tendent les résultats du résumé exécutif apparaissent sur la page de projection des économies, qui montre les paramètres financiers et environnementaux. Les hypothèses sous-jacentes aux calculs et les explications des valeurs par défaut (telles que les coûts d'électricité et les émissions) se trouvent sur la page Hypothèses & Sources (Figure 8.2) et peuvent devoir être ajustées pour votre application. Le calculateur LCOE a été conçu principalement pour une utilisation électronique, mais peut également être imprimé si nécessaire. Les paramètres d'impression par défaut ont été configurés de manière à ce que toutes les pages tiennent sur du papier standard Letter ou A4 et soient automatiquement pivotées (paysage ou portrait) si nécessaire.

Tableau 8.3
Légende du calculateur de LCOE.

Légende	Titres	vert
	Cellules d'entrée	orange
	Valeurs par défaut	violet
	Tableaux sommaires	bleu

8.3.5. La méthode SAM

Le System Advisor Model[186] (SAM) est conçu pour permettre aux personnes intéressées de prendre de bonnes décisions financières. Il a été développé en open source par le National Renewable Energy Laboratory (NREL) aux États-Unis.[187] Le NREL continuera à maintenir et à mettre à jour le code et à publier des versions NREL de SAM pour Windows, Mac et Linux, avec de nouvelles fonctionnalités et mises à jour. Vous pouvez le télécharger gratuitement.[188]

SAM effectue des projections de rendement et des estimations du coût de l'énergie pour les projets d'énergie renouvelable en fonction des coûts d'installation et d'exploitation et des paramètres de conception du système que vous saisissez dans le modèle. La première

186 https ://sam.nrel.gov/

187 https ://sam.nrel.gov/opensource

188 https ://sam.nrel.gov/download

étape de la création d'un fichier SAM consiste à choisir une technologie et une option de financement pour votre projet. SAM inscrit automatiquement les variables d'entrée avec un ensemble de valeurs par défaut pour le type de projet. Comme pour la méthode de la feuille de calcul, il vous incombe de revoir et de modifier toutes les données d'entrée en fonction de votre projet. Ensuite, vous saisissez des informations sur l'emplacement d'un projet, le type d'équipement du système, le coût d'installation et d'exploitation du système, ainsi que des hypothèses financières et incitatives.

Pour décrire la ressource en énergie renouvelable et les conditions météorologiques à l'emplacement d'un projet, SAM a besoin d'un fichier de données météorologiques. Selon le type de système que vous modélisez, vous choisissez un fichier de données météorologiques dans une liste, vous en téléchargez un sur Internet ou vous créez le fichier en utilisant vos données.

SAM contient plusieurs bibliothèques de données et de coefficients de performance qui décrivent les caractéristiques des composants du système tels que les modules photovoltaïques et les onduleurs, les éoliennes et les systèmes de combustion bioénergétiques. Pour ces composants, il suffit de choisir une option dans une liste, et SAM applique les valeurs de la bibliothèque aux variables d'entrée.

Pour les autres variables d'entrée, vous pouvez soit utiliser la valeur par défaut, soit modifier les variables d'entrée :

- coûts d'installation, y compris les achats d'équipement, la main-d'œuvre, l'ingénierie et les autres coûts du projet, les coûts fonciers, ainsi que les coûts d'exploitation et d'entretien
- nombre de modules et d'onduleurs, type de suivi, facteurs de déclassement pour les systèmes photovoltaïques.
- type de collecteur et de récepteur, multiple solaire et capacité de stockage
- période d'analyse, taux d'actualisation réel, taux d'inflation, taux d'imposition, taux interne de rendement cible ou prix d'achat de l'électricité pour les modèles de financement des services publics

- tarifs de détail pour la charge du bâtiment et le temps d'utilisation pour les modèles de financement commerciaux et résidentiels
- montants et taux des taxes et des primes incitatives en espèces

Une fois que vous êtes satisfait des valeurs des variables d'entrée, vous pouvez exécuter des simulations, puis examiner les résultats. Une analyse normale consiste à effectuer des simulations, examiner les résultats, réviser les entrées et répéter ce processus jusqu'à ce que vous compreniez et ayez confiance dans les résultats finaux.

SAM affiche les résultats de la simulation sous forme de tableaux et de graphiques, allant du tableau des chiffres de production annuelle de la première année, et d'autres paramètres à valeur unique, aux flux de trésorerie annuels détaillés et aux données de performance horaire qui peuvent être consultés sous forme de tableaux ou de graphiques.

Un outil intégré propose plusieurs graphiques par défaut et permet de créer des graphiques personnalisés. Tous les graphiques et tableaux peuvent être exportés dans différents formats pour être intégrés dans des rapports et des présentations, mais aussi pour être analysés plus en détail avec des tableurs ou d'autres logiciels.

Les modèles de performance de SAM calculent heure par heure la production d'un système électrique, générant un ensemble de 8 760 valeurs horaires qui représentent la production d'électricité du système sur une année. SAM comprend des modèles de performance pour les systèmes photovoltaïques (plats et à concentration), le stockage sur batterie pour les systèmes photovoltaïques, le chauffage solaire de l'eau, l'énergie éolienne (grande et petite), l'énergie et la coproduction géothermiques, et l'énergie biomasse, entre autres technologies d'énergie renouvelable.

Le modèle financier de SAM calcule les paramètres financiers de divers types de projets énergétiques sur la base des flux de trésorerie d'un projet pour une période d'analyse que vous spécifiez. Le modèle financier utilise la production électrique du système calculée par le modèle de performance pour calculer la série de flux financiers annuels. Il comprend également un calculateur simple du coût énergétique actualisé basé sur un taux de charge fixe.

L'application SAM est complexe et plutôt destinée à ceux qui planifient un grand nombre de conceptions de systèmes. Si vous créez un système de petite taille pour votre usage personnel, il est probablement beaucoup plus granulaire que ce dont vous avez besoin. Si vous voulez faire l'investissement, cependant, l'apprentissage est gratuit. Pour apprendre à utiliser SAM, il existe des webinaires gratuits, des exemples de fichiers et du matériel pédagogique.[189]

8.4. Avis de non-responsabilité

L'éditeur et les auteurs fournissent les informations contenues dans ce livre, et ses références, à des fins éducatives. Nous vous recommandons d'assumer l'entière responsabilité de votre sécurité. Avant de vous lancer dans un projet décrit ici, assurez-vous de suivre les pratiques de sécurité énoncées dans ce livre et dans vos autres sources et connaissances concernant l'installation de systèmes électriques. Ne prenez aucun risque au-delà de vos capacités.

N'oubliez jamais que tout travail avec de l'électricité comporte un risque de blessure et même de mort. Si vous vous lancez dans un projet photovoltaïque, vous acceptez de le faire à vos risques et périls, d'assumer tous risques de blessures, et de dégager l'éditeur et les auteurs de toute responsabilité ou cause d'action légale, connue ou inconnue, résultant du contenu de ce livre.

Si vous êtes débutant(e), nous vous conseillons vivement de commencer par un projet de petite taille et développer vos compétences sans prendre trop de risques. **Soyez prudent(e), amusez-vous, et ayez un impact positif sur votre monde !**

189 https ://sam.nrel.gov/resources

8.5. Ensemble de problèmes

Une liste de problèmes permettant de développer vos connaissances ou d'intégrer une classe est disponible sur https ://www.appropedia.org/To_Catch_the_Sun#Problemsets. Enseignants, envoyez un courriel à lonny@humboldt.edu pour obtenir un guide de réponses.

8.6. Exemples de systèmes et communauté en ligne

Nous vous conseillons de rejoindre les communautés locales et mondiales pour collaborer avec elles. Les organisations d'aide mutuelle sont un excellent moyen de s'impliquer.

Nous recommandons vivement Appropedia pour itérer les conceptions et explorer des exemples de systèmes photovoltaïques en fonctionnement : https ://www.appropedia.org/To_Catch_the_Sun#Examples. Il existe d'excellents forums en ligne ; lorsque vous lirez ces lignes dans votre propre langue, faites une recherche pour trouver ceux qui vous conviennent. Un groupe que nous apprécions beaucoup (et qui a fortement contribué à la collecte de fonds pour ce livre) est Permies.com. Vous pouvez poser tous types de questions relatives à l'énergie photovoltaïque et à la permaculture sur le site https ://permies.com/forums

9. Biographies des auteurs

9.1. Joshua Pearce

Le professeur Joshua M. Pearce est titulaire de diplômes en chimie, en physique et un doctorat en ingénierie des matériaux de l'Université d'État de Pennsylvanie pour ses travaux sur les cellules solaires à faible coût. Il a ensuite mis au point le premier programme de durabilité dans le système d'enseignement supérieur de l'État de Pennsylvanie (Pennsylvania State System of Higher Education) et a participé à l'élaboration du programme d'ingénierie en durabilité appliquée à l'Université Queen's au Canada.

Il est le premier Richard Witte Professor nommé conjointement au département de science et de génie des matériaux et au département de génie électrique & informatique de l'université technologique du Michigan (Michigan Technological University, où il a dirigé le groupe de recherche sur les technologies ouvertes de durabilité. Il est titulaire d'une Fulbright-Aalto University Distinguished Chair et reste professeur invité de photovoltaïque et de nano-ingénierie à Aalto University, en Finlande, et professeur invité de l'Équipe de recherche sur les processus innovants (ERPI), Université de Lorraine, en France. Il a écrit ce livre dans une maison fonctionnant à l'énergie solaire, dans le Nord.

Il est actuellement titulaire de la chaire John M. Thompson sur les technologies de l'information et l'innovation à la Richard Ivey School of Business et au département de génie électrique et informatique de la Western University au Canada.

Le Dr Pearce contribue fréquemment à Appropedia, car ses recherches sont centrées sur l'utilisation de technologies appropriées open source visant à trouver des solutions collaboratives aux problèmes de durabilité et de réduction de la pauvreté. Ses recherches couvrent les domaines de la physique des dispositifs électroniques et de l'ingénierie des matériaux des cellules solaires photovoltaïques, ainsi que les systèmes solaires photovoltaïques et l'économie. Son groupe travaille également sur l'impression 3D RepRap à code open source, la durabilité appliquée et la politique énergétique. Ses recherches sont régulièrement mentionnées dans la presse internationale et nationale, et elles sont continuellement classées dans le top 0,1% sur Academia.edu. Il est l'auteur de *Open-Source Lab : How to Build Your Own Hardware and Reduce Research Costs* et de *Create, Share, and Save Money Using Open-Source Projects.*

9.2. Lonny Grafman

Lonny Grafman est professeur d'ingénierie des ressources environnementales et de technologie appropriée à l'université d'État de Cal Poly Humboldt ; fondateur du programme de technologie communautaire résiliente Practivistas ; conseiller et chef de projet (et parfois collecteur de fonds) pour les projets d'art urbain épiapocalyptiques Waterpod, Flock House, WetLand et Swale ; directeur général du centre de la côte nord de BlueTechValley, qui soutient les entrepreneurs économes en énergie ; directeur du concours commercial AWEsome pour les groupes travaillant dans les domaines de l'agriculture, de l'eau et de l'énergie en Californie du Nord ; fondateur et président de la fondation Appropedia, qui partage ses connaissances pour construire des vies riches et durables.

Lonny a donné des cours et des ateliers universitaires dans des dizaines de pays. Il a travaillé et dirigé des équipes sur des centaines de projets nationaux et internationaux dans un large éventail de domaines liés à la durabilité, de l'énergie solaire aux fourneaux améliorés, de la microhydroélectricité à la collecte des eaux de pluie, de la construction en terre aux salles de classe en bouteilles de plastique. Au cours de tous ces projets technologiques, il a constaté que le composant le plus vital était la communauté.

Ses premiers livres, *To Catch the Rain* et *Atrapando la lluvia,* couvrent des histoires inspirantes de communautés œuvrant ensemble pour récupérer leurs eaux de pluie, et expliquant comment vous pouvez le faire aussi.

Merci pour votre intérêt dans ce projet. Voulez-vous aller plus loin ? Voici ce que vous pouvez faire :

Inscrivez-vous sur **tocatchthesun.com** pour obtenir les informations les plus récentes et connaître les livres à paraître.

Faites passer le message aux personnes que vous connaissez, sur les réseaux sociaux (avec le hashtag **#tocatchthesun**), et en mettant un avis sur votre site de livres ou de vente au détail préféré.

Envoyez-nous des photos de vos projets et affichez-les sur les médias sociaux ou envoyez-les directement à **appropedia.org/To_Catch_the_Sun#projects**

Suivez-nous sur **appropedia.org/To_Catch_the_Sun#About_the_Authors**

Pensez à faire un don à Appropedia pour les projets liés à To Catch the Sun, ou à toute organisation travaillant sur l'énergie solaire et faites-leur connaître le livre !
appropedia.org/Appropedia:support

Joshua Pearce

Lonny Grafman

Made in the USA
Las Vegas, NV
04 November 2026

57423058R00128